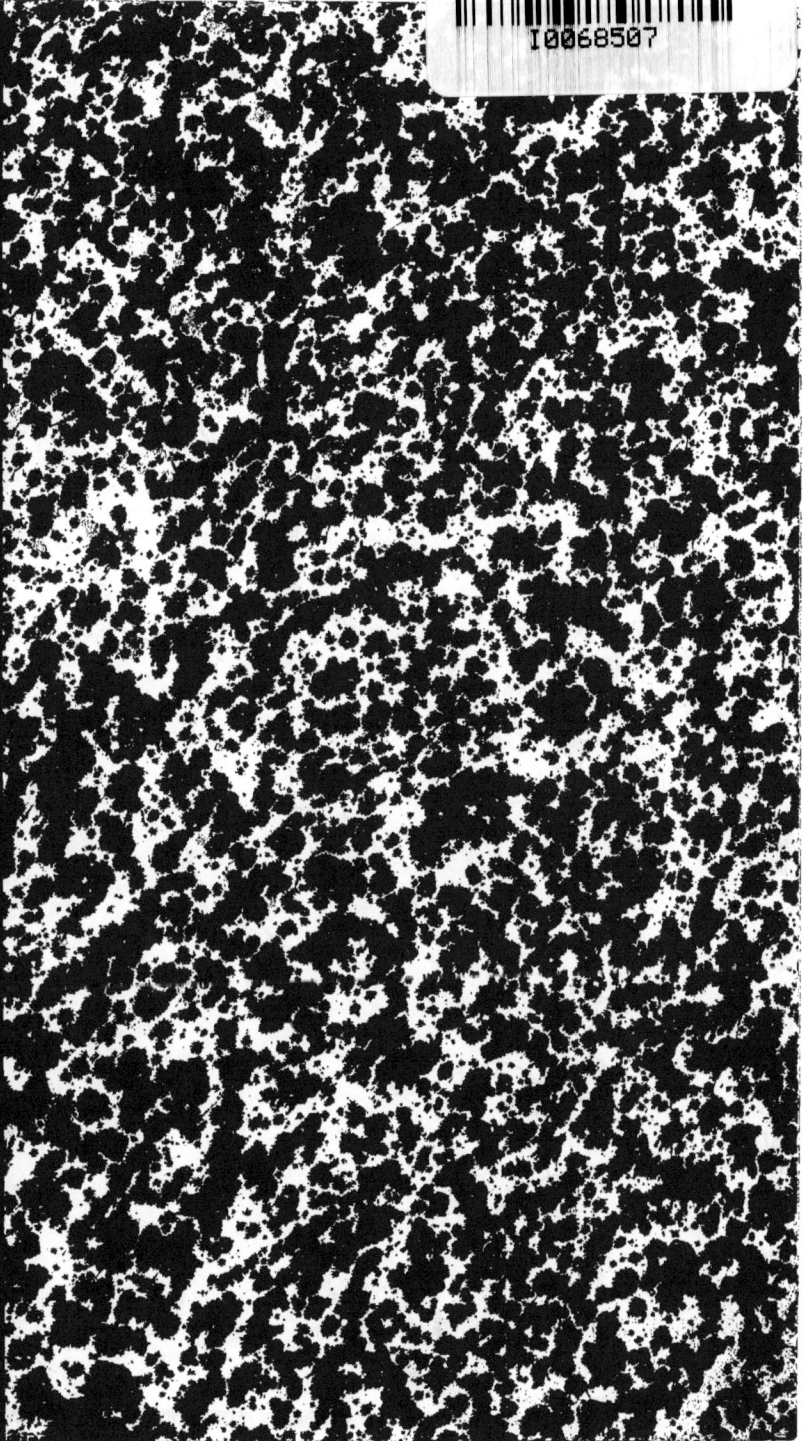

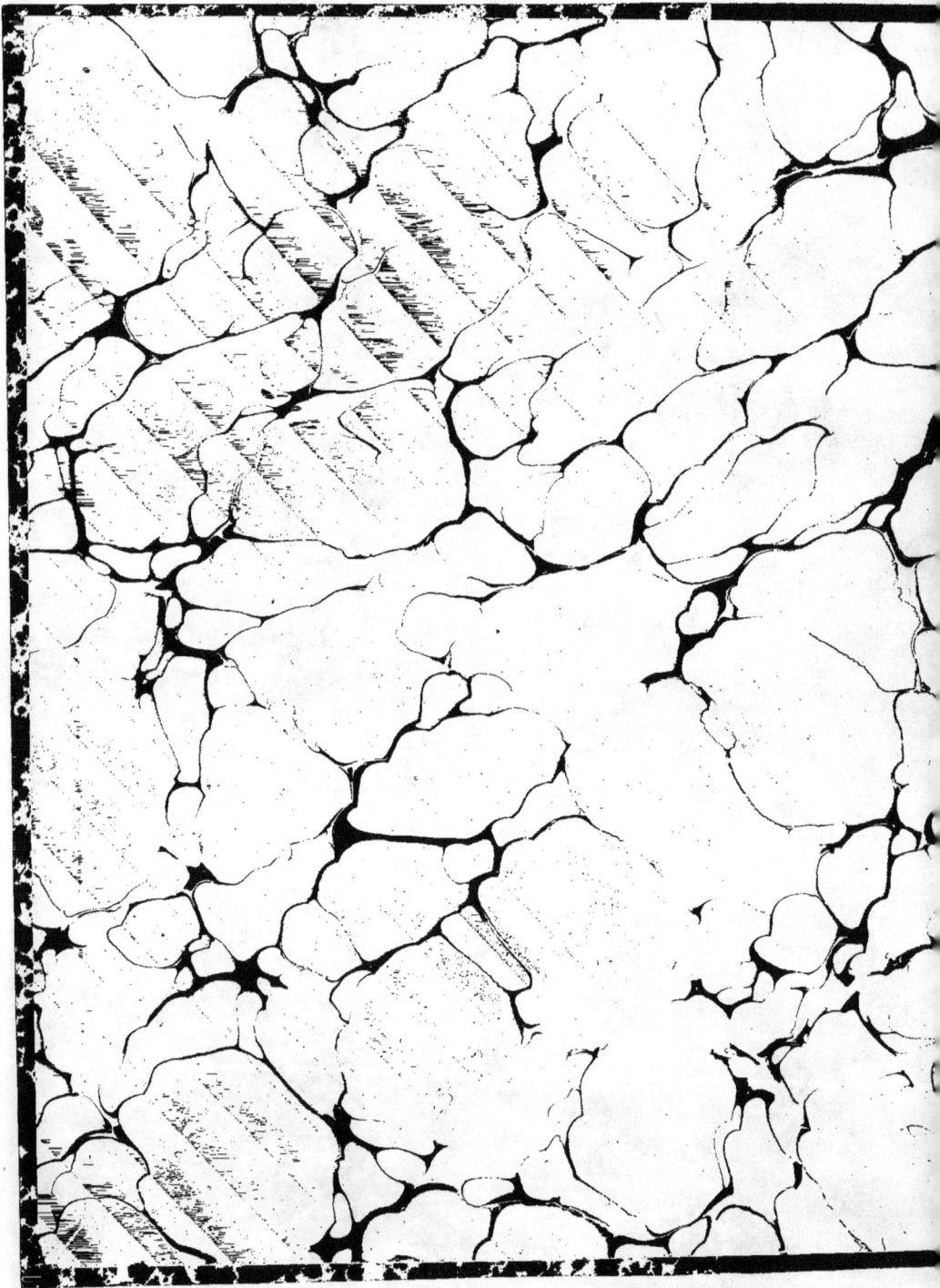

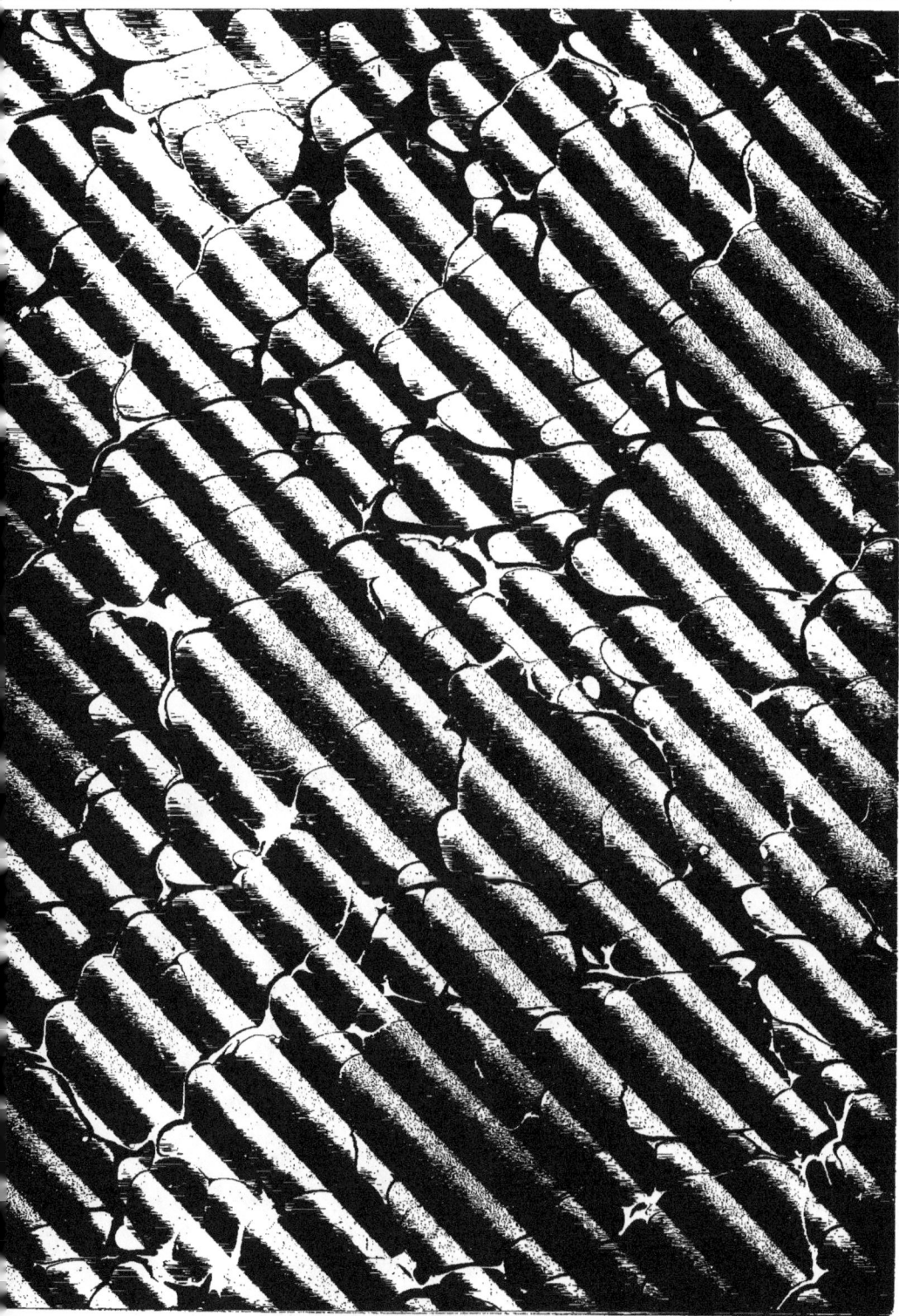

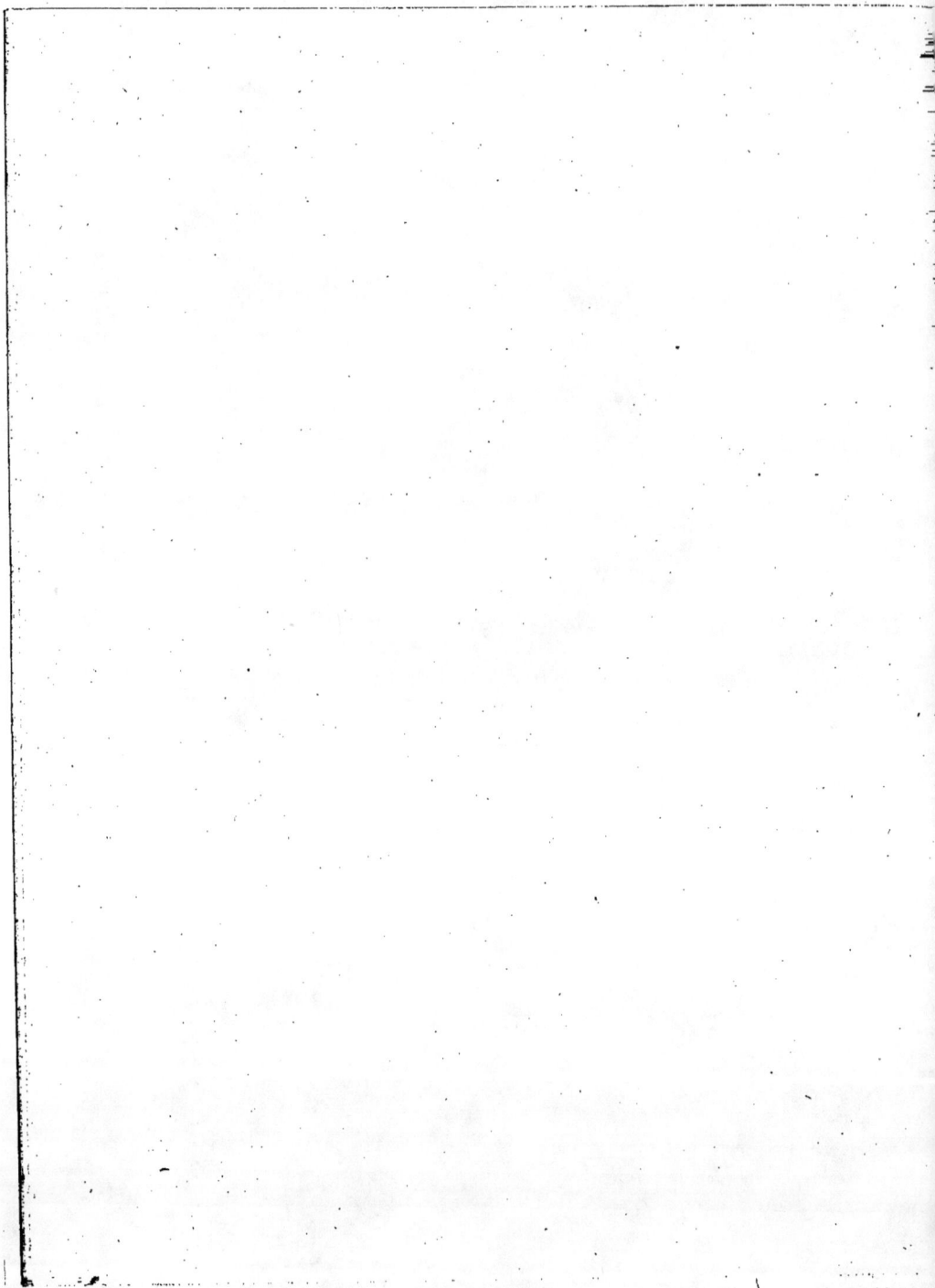

CONCOURS RÉGIONAL DE LA CHARENTE

1885

MÉMOIRE

PRÉSENTÉ AU JURY

CHARGÉ DE LA VISITE DES PROPRIÉTÉS

Par Edmond Boutelleau

Propriétaire du Domaine des GUERIS, commune de Saint-Médard (Charente)

Vice-Président du Comice agricole de l'arrondissement de Barbezieux.

EXPOSÉ DES EXPÉRIENCES FAITES SUR LA PROPRIÉTÉ

LEURS RÉSULTATS

LETTRES, ÉTUDES & DOCUMENTS DIVERS

ANGOULÊME

IMPRIMERIE F. LUGEOL, VOLEAU & CO, RUE D'AGUESSEAU, 18

1886

DOMAINE DES GUERIS

Distillerie.
Basse-Cour.
Colombier.
Etables.
  d°
  d°
Écuries.
Hangar aux
machines.
Greniers à
grains et à
foin.
Écuries, Remises, Sellerie.
Verger.

12 Potager.
13 Logement du personnel.
14   d°
15 Forge.
16 Fournil.
17 Laiterie, Fromagerie.
18 Machine à vap...
19 Porcherie.
20 Infirmerie pour animaux.
21 Hangar à fumier.
22 Vivier, Lavoir.

MÉMOIRE

PRÉSENTÉ AU JURY

CHARGÉ DE LA VISITE DES PROPRIÉTÉS

Par Edmond BOUTELLEAU

Propriétaire du Domaine des GUERIS, commune de Saint-Médard (Charente)

Vice-Président du Comice agricole de l'arrondissement de Barbezieux.

MESSIEURS DU JURY,

Le domaine des Gueris, que j'exploite directement, me paraissant remplir exactement les conditions et l'esprit de l'arrêté pris par M. le Ministre de l'Agriculture, en date du 28 décembre 1880, je me crois sérieusement autorisé à prendre part au Concours, où une prime d'honneur doit être décernée au lauréat *présentant, dans sa catégorie, le domaine qui aura réalisé les améliorations les plus utiles et les plus propres à être offertes comme exemple.*

Je me présente comme concurrent de la 1re catégorie.

Je crois que, pour bien faire comprendre la valeur des résultats obtenus, il est nécessaire que j'indique ce qu'était ma propriété au début et la marche des améliorations successives apportées depuis près d'un siècle par les chefs de trois générations, fait rare dans les vieilles familles bourgeoises, dont les membres désertent généralement les campagnes.

Je prends ce relevé d'origine dans un Mémoire présenté par mon père, lors du Concours Régional d'Angoulême, en 1861. Mon père, à cette époque Vice-Président du Comice Agricole de l'arrondissement de Barbezieux, relatait les faits comme suit :

« La propriété des Gueris a été achetée par mon père, le 17 mars 1789, pour la somme de 26,366 fr. Dans cette vente se trouve compris le mobilier dont suit le détail : deux charrettes, trois petites cuves et une grande, neuf mauvais fûts de barriques et, pour tout bétail, deux bœufs.

» La contenance de ce domaine était de 121 journaux (40 hectares environ). divisés ainsi qu'il suit, d'après un constat de lieux dressé, le 17 juin 1789, par Mᵉ Gallenon, notaire à Barbezieux :

» 1º Une pièce située au couchant de la maison d'habitation, contenant 12 journaux, ci. . . . . 12 journaux.

> Savoir :
> En terres labourable de 2ᵉ classe . . . . 7 journaux.
> En prés de 1ʳᵉ classe . . . . 3 —
> En prés de 2ᵉ classe . . . . 3 —

» 2º Une pièce de terre joignant au nord le chemin de la Planche-des-Ouailles. contenant 37 journaux, dont le quart de la 2ᵉ classe et le reste de la plus mauvaise qualité, ci . . . . 37 —

» 3º Pièce du Renfermis, contenant 35 journaux de la dernière classe et de la plus mauvaise qualité, ci. . . 35 —

(Sur ces 35 journaux, 7 étaient plantés en vigne très ancienne et manquant de la moitié des ceps.)

» 4º Pièce du Maine-à-Dimon, 1 journal, ci . . . . . 1 —

» 5º Pièce au midi de la maison, joignant du levant au chemin de Barbezieux et du couchant aux prés, contenant 14 journaux, dont les deux tiers de la 1ʳᵉ classe et le surplus de la 2ᵉ, ci . . . . 14 —

» 6º Pièce au nord de la maison d'habitation, contenant 14 journaux, dont moitié de la 1ʳᵉ classe et le surplus de la 2ᵉ classe, ci . . . . 14 —

» 7º Pièce de pré au nord de la maison d'habitation, contenant 2 journaux, plus une pièce de bois taillis contenant 6 journaux, ci. . . . . 8 —

« TOTAL . . . 121 journaux.

» Il résulte de ce qui précède que la propriété avait :
1º En prés . . . . 7 journaux.
2º En vigne déjà ancienne et mauvaise . . . . 7 —
3º En terres labourables et en friche. . . . . 101 —
4º En bois taillis . . . . 6 —

121 journaux.

» Le procès-verbal dit, en outre, que la maison de maître et les bâtiments d'exploitation étaient en ruine.

» Pour bien se rendre compte de ce qu'il a fallu de travail, d'économie et de privations pour arriver à la situation actuelle, il est bien de faire connaître quelles ont été les ressources de mon père et les miennes au début de l'entreprise.

» Mon père acheta cette propriété sur les instances d'un de ses frères, curé d'une paroisse voisine, et qui lui faisait espérer qu'avec les économies de sa cure il lui aiderait à payer cette propriété. Sans cette circonstance, mon père, membre d'une nombreuse famille et n'ayant pour toute fortune que 2,500 fr., n'eût jamais eu l'idée de faire une semblable acquisition.

» La Révolution, qui suivit de près cette date, amena l'exil du curé, et, par suite, mon père vit s'évanouir ses espérances. Il se trouva en face d'une dette énorme et obligé de payer des intérêts usuraires, chose commune en ce temps-là.

» Dans cette situation, il épousa une femme qui lui apporta en dot 15,000 fr., ce qui éleva son avoir à la somme de 17,500 fr. Sur cette somme, il eut à faire face aux frais et droits d'acquisition, aux réparations urgentes de la maison d'habitation et des servitudes, qui étaient en ruine, d'après le rapport des experts. Il entreprit néanmoins son œuvre avec courage; mais ses efforts devaient se briser contre la faiblesse de ses ressources. L'agriculture en était alors à l'enfance de l'art et ne pouvait lui venir en aide, comme elle le fait de nos jours à l'égard de ceux qui s'en occupent avec intelligence.

» Vint l'année 1817, époque de mon mariage et de mon arrivée à l'administration de la propriété des Gueris. Ma femme m'apporta en dot 16,000 fr., sur lesquels je touchai seulement 10,000 fr. en espèces, le surplus étant représenté par des marais salants, qui sont devenus depuis la propriété de mon fils.

» Des procès onéreux soutenus par mon père et mon remplacement militaire avaient, à ce moment, grevé la propriété d'une somme d'environ 30,000 fr.

» Je m'occupai, selon l'usage de nos contrées, de planter des vignes, négligeant moi-même une ressource qui, plus tard, devait me tirer d'embarras.

» En 1827, j'avais de belles vignes qui me donnaient les plus grandes espérances, lorsqu'une grêle terrible enleva en un clin d'œil blé et vin, et me laissa la crainte de ne pouvoir récolter de longtemps, les vignes étant écrasées et considérées comme perdues.

» L'amélioration que j'apportai ainsi à ma propriété ne pouvait s'obtenir qu'à l'aide de grands sacrifices d'argent, et, si je n'augmentai pas jusque-là les dettes, je ne pus du moins encore avoir la satisfaction de les diminuer; les travaux d'amélioration et les intérêts à payer absorbaient annuellement mes revenus.

» La grêle de 1827 m'avait suggéré l'idée d'avoir des récoltes variées, de manière à pouvoir compter sur les unes si les autres me faisaient défaut. C'est alors que j'inaugurai une branche d'agriculture encore inconnue dans ce pays : je veux parler des prairies artificielles et de l'élevage du bétail, base de toute agriculture bien entendue. »

La Commission désignée par le bureau du Comice agricole de Barbezieux pour l'inspection des propriétés de ce canton termine ainsi son rapport, en 1859 :

M. Boutelleau, des Gueris, maire de Saint-Médard, 43 hectares; fonds médiocres, récolte de toute beauté, sans égale dans tout le canton, d'une propreté remarquable, malgré les pluies tardives qui ont favorisé la pousse des plantes parasites ; superbes avoines sans herbes, bien qu'elles n'aient été que hersées; fourrages artificiels en très grande quantité; prairies permanentes parfaitement irriguées; entretien de vingt-cinq à trente têtes de gros bétail, excellente tenue des étables; fosses à engrais entretenues d'une façon intelligente; plantations de vignes sur une vaste étendue et de nombreux peupliers.

» Ce beau domaine, parfaitement administré, est l'expression la plus élevée de l'agriculture perfectionnée dans notre pays. Aucune autre propriété ne saurait entrer en comparaison avec celle de M. Boutelleau.

» Le Jury a décerné à M. Boutelleau la médaille d'or, donnée par M. Tesnière, député. »

*
* *

C'est à la mort de mon père, en 1868, que je suis devenu propriétaire unique du domaine des Gueris.

Mon père avait fait une œuvre vivante dans la région et il laissait derrière lui de grands regrets. Je considère comme un devoir de reproduire le récit de la cérémonie funèbre, tel que l'a donné *Le Narrateur* du 16 mai 1868 :

Samedi dernier ont eu lieu, à Saint-Médard, les obsèques de M. Boutelleau père, ancien maire de la commune et vice-président d'honneur du Comice agricole de l'arrondissement de Barbezieux. Une foule immense, composée de tous les habitants des campagnes voisines et grossie encore par un grand nombre de personnes accourues de la ville, composait le cortège. Les cordons du poêle étaient tenus par MM. Challe, sous-préfet de Barbezieux, président du Comice; Gillet, maire actuel de Saint-Médard ; Meslier, avocat, vice-président du Comice et Conseiller général de la Charente, et Hillairet, notaire, membre du Conseil d'arrondissement.

A l'église, M. le curé de Barbezieux, dans une allocution touchante, a, d'une voix émue, retracé les nobles qualités et les vertus du défunt. Au cimetière, M. le Sous-Préfet,

M. Meslier et M. Rochard, l'un des secrétaires du Comice, ont prononcé les discours que nous reproduisons et qui nous dispensent de tout nouvel éloge envers une mémoire qui a été si justement appréciée.

Voici comment s'est exprimé M. Challe, sous-préfet, au milieu du recueillement de la foule, dont les pleurs seulement interrompaient parfois le silence.

MESSIEURS,

Il fut un honnête homme et un bon citoyen, celui que nous conduisons aujourd'hui à sa dernière demeure. j'en prends à témoin la nombreuse assistance qui a voulu lui adresser un suprême adieu.

Dès mon arrivée en ce pays, messieurs, j'ai été mis en relation avec M. Boutelleau et j'ai bien vite apprécié ses excellentes et précieuses qualités, son esprit exact, son jugement sûr, sa connaissance des affaires et des hommes, ses intentions droites, son désir d'obliger, et cette douce bienveillance qui animait sa physionomie et rayonnait dans sa personne. C'était un maire estimé et aimé de tous ses administrés.

M. Boutelleau, dans sa jeunesse, s'était voué aux travaux des champs. L'agriculture fut l'occupation et le charme de sa vie. C'était sa passion. Il entreprit de bonne heure de transformer sa propriété, et il y réussit. Grâce à des améliorations sages et successives, le domaine des Gueris fut bientôt cité comme modèle, et, lors du concours régional de 1862, peu s'en fallut qu'il ne remportât la prime d'honneur. Il est des défaites, messieurs, qui valent des victoires.

C'est à celui que nous regrettons aujourd'hui qu'est due la création du Comice agricole du canton de Barbezieux. Pendant de longues années il présida l'association. Par une utile direction, par ses soins, ses encouragements, ses bons exemples, une transformation fut opérée dans les cultures, et, conquête inappréciable, la charrue Dombasle fut vulgarisée dans la contrée.

Depuis 1853, l'organisation du Comice ayant été modifiée, M. Boutelleau, ayant le titre de vice-président, continua à y apporter tous ses soins; c'est dans ces fonctions que je l'ai trouvé en 1858, et je veux dire combien j'ai été heureux, pour la direction de l'association qui m'était désormais confiée, de mettre à profit sa vieille expérience et sa bonne volonté. Si notre Comice a pris quelque extension et jouit d'un certain crédit, s'il a contribué au progrès agricole, si nos concours sont en faveur dans l'arrondissement, s'ils ont obtenu quelque renom en dehors de nos localités, M. Boutelleau a la meilleure part dans ces heureux résultats : et il n'a cessé, messieurs, de nous prêter son utile concours que le jour, il y a 3 ans, où,frappé par une maladie qui ne pardonne pas, il avait commencé à entrer dans cette tombe qui aujourd'hui va se fermer sur sa dépouille mortelle.

Tel fut, messieurs, celui dont la mort est un deuil non-seulement pour sa famille, mais pour la contrée tout entière. Sa vie doit être un exemple et un enseignement : elle a honoré la profession agricole, malheureusement trop délaissée aujourd'hui. Ce fut la vie d'un travailleur et d'un homme de bien.

Mais, messieurs, M. Boutelleau ne mourra pas tout entier, il survit dans sa famille, dans son fils qui continue ses traditions de travail, de probité et d'honneur.

M. Meslier, conseiller général, a ensuite pris la parole dans ces termes :

Messieurs, — et vous, travailleurs de toutes les conditions, qui vous pressez autour de cette fosse pour rendre le dernier devoir à un homme de bien, permettez moi de dire aussi les sentiments qui remplissent mon cœur à cette heure suprême.

L'homme dont nous remettons aujourd'hui la froide dépouille à cette terre qu'il a tant aimée et si bien servie n'est point, en effet, un de ceux-là qui peuvent partir sans qu'un témoignage public soit hautement payé à leur mémoire.

M. Boutelleau était un de ces hommes justes, laborieux, indépendants et modestes dont la vie doit être donnée en exemple aux jeunes générations, — à une époque surtout, où l'honnête simplicité des champs n'est plus guère de mise, où les plaisirs de la ville et l'appât des fortunes rapides entraînent loin des campagnes tant de bras et d'intelligences qui leur seraient utiles.

Né au milieu de vous, cultivateurs ses amis. il y a passé toute sa vie, partageant vos rudes labeurs, soutenant les faibles, sachant aimer et se faire obéir, conservant toujours et avec tout le monde la dignité de son caractère, l'aménité des formes et la liberté de ses actes comme de sa conscience.

C'était, en agriculture, notre vénéré maître. Il nous a montré, dans la transformation qu'il a fait subir à l'héritage qu'il tenait de ses pères et qu'il transmet à ses chers et dignes enfants, tout ce que peut produire la culture de la terre lorsqu'elle est pratiquée avec intelligence.

L'activité de cet homme utile ne se concentra point dans la sphère étroite de l'intérêt privé. Intimement pénétré de la nécessité des réformes et convaincu de l'efficacité du progrès en toutes choses, il étudiait sans cesse les nouvelles méthodes préconisées par la science; il en vérifiait la portée par l'expérimentation, et toutes les fois que le succès vint couronner ses efforts, vous savez tous avec quel empressement il propageait les vérités acquises.

C'est pour arriver plus sûrement au but qu'il poursuivait dans l'intérêt général, que depuis tant d'années il s'était placé à la tête du mouvement agricole, où l'appelaient d'ailleurs ses lumières, son dévouement et les sympathies universelles du pays. C'est, comme on le disait tout à l'heure, à son initiative et à son activité incessante que cette contrée est redevable des premiers pas qu'elle ait sérieusement faits dans la culture raisonnée du sol.

M. Boutelleau fut le fondateur de notre Comice, et si les fêtes qu'il présidait alors avaient moins d'éclat et d'apparat que celles d'aujourd'hui, elles n'avaient pas moins leur utilité profonde. Il avait aplani le terrain et vaincu les difficultés inséparables de tous les débuts. — Aussi, lorsque plus tard on organisa les comices agricoles sous la tutelle de l'Etat et avec des subventions, notre Société lui conféra-t-elle unanimement la première de ses fonctions électives.

C'est au poste d'honneur que ce vaillant soldat de la paix féconde a trouvé la mort : — il a été frappé du mal auquel il succombe au moment où, par une froide matinée d'hiver, il se rendait dans une commune voisine pour procéder à l'installation d'un jardin-école; car, malgré son âge avancé, on le voyait toujours le premier à l'œuvre, bravant la fatigue et ne s'épargnant point à la peine. Le Comice agricole l'avait nommé son *vice-président d'honneur* dans sa dernière assemblée, alors que la maladie ne lui permettait plus de prendre une part active aux travaux.

Mais si M. Boutelleau fut un agriculteur de premier ordre, la présence ici de tous les habitants de cette commune et les sanglots qui s'échappent de toutes les poitrines disent hautement combien ce fut, en même temps, un ami précieux et un administrateur habile. Pendant plus de trente ans, il siégea au premier rang dans les conseils, et, pendant plus de vingt années, il fut le maire de Saint-Médard Démissionnaire depuis sa maladie, on le voyait encore aider de ses lumières et de sa mûre expérience les administrateurs nouveaux.

Sous quel aspect, donc, que l'on considère la vie de M. Boutelleau, homme privé ou homme public, on ne voit partout que le bien et l'on trouve toujours un modèle à suivre.

Notre vieil ami et maître, après tant de services rendus, était en droit d'attendre une de ces distinctions honorifiques dont on n'est pas toujours avare, mais qui ne parviennent point constamment à leur destination naturelle. Sans ambition, il ne se préoccupait pas de cette sorte d'oubli; vrai sage, il savait trouver dans le sentiment du devoir largement accompli et dans l'estime de ses concitoyens, la plus douce des satisfactions comme la plus noble des récompenses.

Après ce discours, M. Rochard s'est approché de la fosse et il s'est exprimé ainsi :

MESSIEURS,

En présence de la dépouille mortelle de M. Boutelleau. nous ne venons pas vous entretenir des qualités de sa vie privée ni du bonheur qu'il éprouvait dans ses joies de famille, où l'effusion cordiale de ceux qui l'entouraient savait charmer sa belle vieillesse.

Nous venons payer notre tribut de regrets et d'hommages à la mémoire de l'homme dont l'existence fut si bien remplie, si fortement accentuée, et qui rendit de si grands services à l'agriculture de notre contrée.

M. Boutelleau, qui fut à l'origine du Comice agricole de Barbezieux et ne cessa depuis d'en être le président ou le vice-président, comprit de suite la tâche qu'il avait à remplir. Comme tant d'autres, il eût pu faire valoir la large part qui lui en revenait; mais ce qu'il ambitionnait avant tout c'était de faire passer le résultat de ses expériences dans la pratique, pour le plus grand profit de tous.

Ses observations, qui décélaient l'agronome praticien, étaient un véritable enseignement pour ceux qui voulaient voir et entendre... Et combien de fois avons-nous pu en apprécier la justesse, nous qui l'avons suivi comme secrétaire, dans tous nos concours locaux?

M. Boutelleau fut longtemps seul, personnifiant le Comice; sa foi dans l'avenir de cette belle institution ne faillit jamais, et si, à côté de lui, bon nombre de personnes l'abandonnaient, c'est sans doute qu'elles ne la comprenaient pas.

La conscience d'arriver à faire le bien par cette institution était en lui une idée fixe: il en comprenait la possibilité en créant les premières forces actives de toute bonne agriculture, c'est-à-dire de bons laboureurs. Cette tâche était difficile; mais, comme il prévoyait d'avance tout le fruit qu'on en pourrait recueillir, sa volonté ferme ne connut pas d'obstacles.

Disciple fervent de l'immortel Dombasle, son embarras augmentait lorsqu'il voyait de toutes parts son araire, instrument nouveau, repoussé par nos cultivateurs Loin de se décourager, M. Boutelleau imagina de faire aller cet araire Dombasle sur un avant-train, en rapprochant son mode d'action de celui des charrues du pays, et presque aussitôt ses efforts furent couronnés de succès.

Dans nos réunions agricoles, il apparaissait *hors concours*, avec ses domestiques conduisant des charrues fendant le sillon en retournant la bande de terre. Dès lors, la cause des charrues perfectionnées fut gagnée dans le pays, et, de proche en proche, l'usage en devint général.

Ce fait seul, parmi tant d'autres que nous pourrions citer, aurait dû fixer les regards de l'administration supérieure et mettre en relief cet homme d'élite, aux idées agricoles fixes et progressives; mais il n'en fut rien. On n'appela point la bienveillance impériale, ni sur ses services rendus à l'agriculture, ni sur sa longue carrière administrative, qui compte cependant près d'un demi-siècle.

N'ayant jamais voulu solliciter des faveurs tant de fois méritées, M. Boutelleau était heureux en voyant mettre en pratique l'idée féconde qui traduisait sa devise agricole : « Le point » de départ de toute bonne agriculture — disait-il — est et sera toujours les bons labours. »

Non content d'être le propagateur d'idées saines, il voulut montrer, par de nouveaux faits, que le domaine du Guery était administré suivant les données rationnelles de l'économie rurale et domestique, lesquelles pouvaient être imitées par tout le monde.

Cette bonne administration lui valut la première médaille d'or de notre modeste Comice, et en 1861 la première médaille d'or décernée au concours régional de la Charente.

Fort de sa conscience, M. Boutelleau n'avait d'autre ambition que celle de faire le bien. Sa récompense, il la trouvait dans ses succès, dans la prospérité qui régnait autour de lui, au sein de la classe laborieuse qui avait su mettre à profit ses idées nouvelles. Sa récompense, il la trouvait dans l'esprit de famille, dans ces joies d'intérieur qu'il chérissait par dessus tout.

Reposez en paix, notre vénéré président, votre sillon dans la vie recèle de bons exemples, dont nous saurons tous profiter !

Reposez en paix! Votre œuvre des Gueris ne périclitera pas. M Boutelleau, votre fils, la saura faire marcher de front avec sa grande maison commerciale; en la respectant, il saura la perfectionner encore à l'aide des idées de progrès de notre époque.

Adieu, notre digne président ! Au revoir dans un monde meilleur!

Après la cérémonie funèbre, le nombreux cortège a reconduit les membres de la famille qui y avaient assisté jusqu'à la belle propriété des Gueris, où était mort M. Boutelleau dans la 74ᵐᵉ année de son âge.

Puissent l'universalité des regrets et l'expression si vive des sympathies qui se sont manifestées dans cette journée de deuil apporter quelque consolation à la douleur des siens !

*
* *

Je disais dans un mémoire rédigé en 1877 : « J'ai été frappé, en devenant propriétaire des Gueris, de l'immense extension donnée à la plantation de la vigne dans les régions propices ou non à cette culture spéciale.

» Les propriétaires, éblouis par les magnifiques revenus qu'on en retirait à une époque où les vignobles étaient restreints, ne se sont pas rendu compte de leur imprudence en étendant ces vignobles outre mesure.

» La main-d'œuvre, devenue très chère à un moment de pleine prospérité, n'a pas baissé depuis que les résultats offerts par la vigne n'ont pas donné la même rémunération.

» L'abondance extrême des produits, la guerre d'Amérique, l'énormité des salaires, ces causes sérieuses ont placé les propriétaires dans une situation critique. Ils se sont vus en face d'une baisse considérable frappant les eaux-de-vie, qui constituaient presque uniquement leurs ressources, et dont la valeur première ne s'est jamais retrouvée. Les gelées de 1867, 1870, 1871, 1873, 1874 ont été des coups également très rudes portés aux viticulteurs. Le phylloxéra, dont les ravages envahissants sont une menace pour l'avenir, montre aux propriétaires le danger d'étendre à l'excès leurs vignobles. Pénétré de cette idée, j'ai retranché une partie des miens, les moins favorablement exposés, et plus que jamais j'ai établi et préconisé la culture variée et prudente du Nord, à laquelle mon père n'avait pas encore donné une assez large part.

» J'ai employé pour ces terrains des engrais chimiques dont j'ai étudié avec soin les effets et qui m'ont paru fort appréciables.

» Les fumiers d'étable, sauf des expériences partielles, ont suffi pour le reste.

» J'ai dû recourir aux machines les plus sûres et les mieux expérimentées pour obvier à la rareté de la main-d'œuvre et à son prix excessif.

» Je donne plus loin le détail des instruments employés.

» J'ai tâché d'éviter l'excès de certains propriétaires capitalistes, qui accumulent chez eux toutes les machines nouvelles sans essai préalable.

» Les machines que j'ai achetées, je les ai étudiées, suivies dans eur fonctionnement, et j'ai préféré l'utilité de chacune au nombre de toutes.

» J'ai évité le même écueil au sujet des constructions ornementales ou d'un intérêt secondaire.

» Je ne veux pas m'étendre plus longuement sur des faits qui doivent être constatés de visu. Ce que j'ai essayé de montrer, c'est le côté économique et novateur de mon mode d'exploitation, lequel a pu avoir une heureuse influence autour de moi.

» Quand on pense que les progrès réalisés l'ont été sans le secours de capitaux sérieux au début, par le seul fait d'un travail opiniâtre qui s'est soutenu dans des circonstances meilleures, on ne peut s'empêcher de voir qu'il y a dans le succès de cette œuvre laborieuse un encourageant exemple pour le plus petit propriétaire. »

Voilà comment je m'exprimais en 1877, au moment où je prenais part au concours régional de la Charente. Une médaille d'or grand module me fut accordée.

EXPOSÉ PRÉSENTÉ EN 1877

Le domaine des Gueris est situé dans une plaine dont les versants, légèrement inclinés, vont du Midi vers le Nord; la constitution de la couche arable, aujourd'hui enrichie d'humus ou terre végétale, est à base calcaire pour la plus grande partie, et vers le nord de la propriété elle est mêlée d'un peu d'alumine. Le sous-sol, perméable dans presque toute l'étendue du domaine, est généralement calcaire et à blocs pouvant servir de pierre à bâtir; dans quelques parties il est à sable calcaire, et dans une très petite étendue un peu argileux.

Les sources, qu'on trouverait assez facilement, seraient de peu d'intérêt, attendu que l'une d'elles, qui est très abondante, est située au midi de la propriété et sert aux usages de l'habitation et à l'irrigation de mes prairies naturelles. L'eau en est très pure et charrie seulement un peu de carbonate de chaux.

L'étendue de ce domaine est de 43 hectares environ Les étables, écuries, hangars pour les fumiers forment un ensemble régulier et complet.

Les pièces de terres sont séparées, où la nécessité s'en est fait sentir, par d'énormes fossés servant de drainage à ciel ouvert. Il y a peu de haies, mais des plantations de peupliers de belle venue.

Terres comprises dans l'assolement quinquennal..	13 hect. 36 cent.
Prés.	8 —
Prairies artificielles et luzernes	8 —
Vignes en allées.	10 —
(desquelles me fournissent comme terrain propre à des cultures variées)	4 —
	43 hect.

La main-d'œuvre est rare.

J'ai deux colons au quart. Les hommes sont payés 2 francs par jour, les femmes 1 fr. 25. Les domestiques à gages 400 fr.

Les principales productions du pays sont les céréales et la vigne; les autres productions sont très secondaires.

Les véhicules employés sont les charrettes à deux roues et les tombereaux, avec harnachement ordinaire des animaux.

L'assolement est quinquennal.

L'engrais d'étable est répandu tous les deux ans sur les prairies naturelles; *l'Engrais Chimique* est répandu annuellement sur les prairies artificielles à la dose de 500 kilog. par hectare.

Les parties basses de la propriété sont drainées par des rigoles pratiquées à 50 centimètres de profondeur, contenant 20 centimètres de pierres, cela sur une étendue de 4 hectares.

L'arrosage des prairies naturelles se fait par submersion avec la plus grande surveillance.

Les instruments employés sont : la charrue Dombasle, la charrue du pays (pour certains travaux), la batteuse Pinet à manège, la faucheuse Wood avec appareil à moissonner, la faneuse Howard, le rateau automatique, le semoir et la houe Garret, le rouleau Croskill, scarificateur, herse ordinaire, pelle à bœufs, concasseur, hache-paille, buttoir, etc., etc.

J'ai eu l'idée, le premier en France, je crois, d'ensiler la tige sèche du maïs après sa production; jusqu'ici, on n'avait ensilé que le maïs vert. Mon entreprise a pleinement réussi. La qualité de ce fourrage est attestée par le bon effet produit sur les vaches et, en outre, par l'analyse que j'en ai fait faire par M. Grandeau, directeur de la Station Agronomique de Nancy. C'est là un résultat précieux, non seulement pour moi, mais pour la France en général, et plus particulièrement pour le Midi, où la culture du maïs prendra de plus en plus d'extension, depuis surtout qu'on connaît que le grain concassé de cette plante remplace avantageusement l'avoine pour la plupart des chevaux. On sait aussi que, lorsque l'on récolte 3,000 kilog. de maïs, on recueille le même poids en paille. Ce procédé nouveau permet donc d'employer utilement une production qui, jusqu'ici, était regardée comme sans avantages et qu'on rejetait même. Chacune de mes vaches mange 7 kilog. de cette conserve par jour.

Je suis convaincu que M. Lecouteux a rendu les plus grands services au pays par sa propagande active en faveur de l'ensilage du maïs vert, ce qui m'a amené et en amènera bien d'autres à l'ensilage des pailles de maïs.

Les plantes sont buttées et sarclées. Le mode de plantation et de culture des vignes n'offre rien de particulier.

Les chevaux, au nombre de 6, sont de race bretonne, nourris avec 3 kilog. 500 grammes d'avoine, maïs, épeautre concassé, 3 kilog. de paille hachée, 1 kilog. de farine d'arachide, 7 kilog. de foin. Les chevaux sont employés aux transports journaliers et au labourage, fournissant un travail de dix heures par jour.

Je possède 18 vaches laitières, Cottentines et Gatines, et 1 taureau. Les veaux sont vendus à huit jours. Les vaches sont nourries à l'étable pendant 10 mois; 6 mois de l'année elles ont des fourrages secs et verts : des choux, du maïs conservé, des choux montés ; pendant 4 mois, des fourrages verts : luzernes et maïs ; pendant 2 mois, elles sont au pacage et reçoivent du maïs vert.

Le beurre se vend 3 fr. le kilog.

Les fromages, façon Brie, sont vendus 5 fr. 50 c. l'un. J'en trouve l'écoulement dans les villes suivantes : Barbezieux, Angoulème, Chalais, Châteauneuf, Jarnac, Cognac, Saintes, Tonnay-Charente, La Rochelle, Saint-Jean-d'Angély, Marennes, Pons, Saint-Genis-de-Saintonge, Mirambeau, Montendre, Jonzac, La Roche-Chalais, etc., etc.

Les cochons, au nombre de 20, renouvelés tous les mois, sont nourris avec les résidus de la fromagerie ; 4 environ sont réservés pour l'engraissement.

La basse-cour est peuplée de volailles, race de Barbezieux.

Ma comptabilité est des plus simples : elle consiste à débiter la propriété des sommes qui y sont dépensées et à porter au crédit le produit de ce qui est vendu.

J'ai toujours considéré comme impossibles et inexactes les méthodes de tenue de livres offrant une étroite analogie avec la comptabilité commerciale. Les évaluations, en ce qui concerne les pailles, foins, fumiers, journées de chevaux, etc., ne peuvent être qu'erronées et fantaisistes. En définitive, tout se résume à savoir ce qu'on dépense pour la propriété et ce qu'on en retire : ce que je peux établir.

Je dois faire observer que l'année 1876 et les suivantes devront donner des résultats bien plus importants, ayant 3 hectares environ de prairies artificielles qui ne seront en rapport qu'en 1876 et 1877, ce qui me permettra ou d'augmenter le nombre de mes vaches ou de vendre des fourrages. Il est facile de voir que, dès l'année 1875, j'ai pu augmenter le nombre de mes vaches, par suite de l'agrandissement des prairies artificielles faites sur les terres précédemment plantées de vignes. On sait que ce n'est qu'au bout de trois ans qu'une terre défrichée peut arriver à son maximum de rendement.

RÉSUMÉ DES DÉPENSES & RECETTES DE L'ANNÉE 1874

Recettes

14 vaches (lait converti en fromages et beurre)	6,300 fr.
14 veaux vendus à 8 et 10 jours, à 45 fr.	630
15 cochons renouvelés tous les mois, à 0 fr. 30 de bénéfice par jour	1,620
2 hectares 67 blé, à 28 hectolitres... 74 h. ; 1/4 déduit, restent 56 hectolitres, à 20 fr.	1,120
2 hectares 67 blé, cultivés à l'aide de machines... 74 hectolitres, soit à déduire pour besoins de la maison 15 hectolitres, restent 59 hectolitres, à 20 fr. . . .	1,180
Vin, récolte nulle par suite des gelées des 4, 5 et 6 mai.	
4 chevaux d'attelage ou de selle, nourris par les produits de la propriété	2,000
	12,850 fr.

Dépenses

14 vaches, à 450 fr.	6,300 fr.		
1 taureau	300		
4 chevaux	3,200		
15 cochons	300		
Machines	1,000		
	11,100 fr. Intérêt à 12 %		1,332

Impôts	400	
Un vacher nourri à la maison	400	
Une femme pour la laiterie et les cochons	200	
Une femme de ménage	200	6,68? fr.
4 hommes, à 700 fr.	2,800	
Journées de femmes	200	
Réparation annuelle des bâtiments	500	
Maréchal et bourrelier	400	
Engrais chimiques	250	

Différence en bénéfice	6,168 fr.

RÉSUMÉ DES DÉPENSES & RECETTES DE L'ANNÉE 1875

Recettes

18 vaches (lait converti en fromages et beurre)	8,100 fr.
18 veaux vendus à 8 et 10 jours, à 45 fr.	810
20 cochons renouvelés tous les mois, à 0 fr. 30 de bénéfice par jour.	2,160
2 hectares 67 blé, à 28 hectolitres... 74 h. ; 1/4 déduit, restent 56 hectolitres, à 20 fr.	1,120
2 hectares 67 blé, cultivés à l'aide de machines... 74 hectolitres, soit à déduire pour besoins de la maison 15 hectolitres, restent 59 hectolitres, à 20 fr. . . .	1,180
Vin, après prélèvement de la quantité nécessaire aux besoins de la maison ; il a été vendu pour 3,504 fr. d'eau-de-vie.	3,504
4 chevaux d'attelage ou de selle, nourris par les produits de la propriété	2,000
	18,874 fr.

Dépenses

18 vaches, à 450 fr.	8,100 fr.	
1 taureau.	300	
6 chevaux, à 800 fr. . . .	4,800	
20 cochons	400	
Machines	3,200	
	16,800 fr. Intérêts à 12 %.	2,016

Impôt	400	
Un vacher nourri à la maison	400	
Une femme pour la laiterie et les cochons	200	
Une femme de ménage.	300	
5 hommes, à 700 fr.	3,500	8,666 fr.
Journées de femmes.	300	
Réparation annuelle des bâtiments	500	
Maréchal et bourrelier.	600	
Engrais chimique pour luzerne	450	
	Différence en bénéfices.	10,208 fr.

Je ne porte pas en compte l'intérêt de ma terre, parce que je
serais embarrassé de lui donner une valeur réelle. Ce qu'il faut voir,
c'est ce qu'elle a coûté au début, soit 26,366 fr., et ce qu'elle peut
valoir maintenant, tant par les améliorations qui ont été apportées que
par la plus-value accordée depuis 1789 aux propriétés.

EXPLICATIONS COMPLÉMENTAIRES

Messieurs du Jury,

Ainsi que je le dis dans mon rapport, la comptabilité agricole est des plus difficiles lorsqu'elle s'applique à une propriété encore en voie de transformation. On ne peut que tenir note de certaines dépenses qui serviront plus tard à se rendre compte du résultat des sommes engagées. Le programme exige une comptabilité bien en règle pour une période de trois ou quatre ans. C'est depuis 1872 que j'ai modifié mon système d'exploitation; il est assez avancé dans son développement pour que j'en puisse constater les résultats cette année.

Plus de six hectares de vignes ont été arrachés successivement; pour que ces terrains soient mis en état de bonne culture, il faut les préparer pendant une année et les ensemencer, la seconde année, d'avoine, luzerne ou sainfoin.

Pour les porter à leur maximum de rapport, il faut compter trois ou quatre années.

Il m'était donc impossible de vous fournir une comptabilité aussi régulière que le serait une comptabilité commerciale. Les chiffres portés à mon mémoire pour 1875-1876 ne seront exacts que pour 1876-1877; mais, en prenant pour base les chiffres réels de 1875-1876, on peut se convaincre que les chiffres pour 1876-1877 seront *au moins* ceux énoncés dans mon Mémoire et devront me laisser un bénéfice net de plus de 10,000 fr.

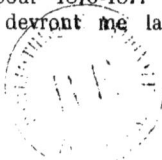

Les recettes réelles, ainsi que les dépenses pour 1875-1876, sont comme suit, avec 13 vaches, 2 génisses et 1 taureau.

De ce nombre, il faut déduire une vache pour la provision à lait de trois ménages. Il reste 12 vaches, qui ont produit en fromages et beurre . . . . 6,000 fr.

A ce produit, il faut ajouter :

13 veaux, à 45 fr. l'un	585
15 cochons	1,590
Blé, 100 hectolitres, à 23 fr. l'un	2,300
Eau-de-vie	3,504
4 chevaux (voiture et selle)	3,000
Les 2 génisses et le taureau, ayant été élevés et étant le produit de l'étable, doivent être portés comme bénéfice à.	700
TOTAL.	16,679 fr.

Dépenses

13 vaches, à 450 fr. l'une . .	5,850
1 taureau	300
6 chevaux	4,800
15 cochons	300
Machines	3,200

14,450 fr.. soit à 12 %.	1,734	
Impôts.	400	
Un vacher	400	
Une femme pour la laiterie	200	
Une femme de ménage	300	7,734 fr.
4 hommes, à 700 fr.	2,800	
Journées de femmes	300	
Réparation des bâtiments	500	
Maréchal et bourrelier	600	
Engrais chimiques	500	
Excédent des recettes		8,945 fr.

Que me reste-t-il pour porter en 1876-1877 le revenu à 10,000 francs, chiffre énoncé dans mon rapport?

Plus de 5 hectares de luzerne et sainfoin, qui me permettront d'avoir six ou sept vaches de plus, lesquelles, sans augmenter mes frais généraux, devront accroître les recettes de 3,000 francs, ci . . . . 3,000 fr.

Et, si je compte les génisses nourries cette année et qui donneront du lait l'année prochaine, il est convenable d'ajouter, pour les deux, un revenu de.. . . . 500

TOTAL.	3,500 fr.
qui, ajoutés aux 8,945 fr., produit de l'année 1875-1876, ci	8,945
donneront un revenu total, pour 1876-1877, de	12,445 fr.

Il faut dire que le vin manquera en grande partie cette année et que cette recette sera diminuée dans une très large proportion; mais je crois avoir suffisamment démontré que c'est une grande faute que de vouloir cultiver la vigne dans n'importe quel terrain, et qu'il est préférable, dans beaucoup de cas, de pratiquer la culture du Nord. Les prairies artificielles et le maïs, réussissant parfaitement, permettent de varier la nature des cultures; avec les fourrages, on augmente la quantité de bétail et, par suite, celle des engrais, qui permettent de cultiver toutes sortes de plantes sur une bien plus vaste échelle.

Plus les récoltes sont variées, plus grandes sont les chances de bénéfices. Pour se convaincre de ce fait, il suffit d'examiner les vignes qui sont sous vos yeux et qui constituent, jusqu'à présent, la principale ressource du pays ; avec la culture de la vigne, mes revenus seraient nuls, alors qu'avec celle que j'ai adoptée, ils sont des plus satisfaisants.

Je désire aussi appeler votre ferme attention sur un fait qui me paraît avoir une grande importance : c'est le mode d'alimentation adopté pour tous mes chevaux.

Tout grain concassé constitue une économie de 25 p. 100; et, en outre, si, comme je le fais, on emploie le maïs concassé au lieu d'avoine, l'économie est plus grande, puisque l'avoine et le maïs sont presque toujours au même prix, que l'hectolitre d'avoine pèse 50 kilos et que le maïs se vend, dans notre pays, à 80 kilos.

Les chevaux nourris au maïs me paraissent aussi énergiques que lorsqu'ils mangent de l'avoine, et, depuis deux années que j'en fais l'expérience, j'ai pu réaliser, sur mes 10 chevaux, une économie *annuelle* de 1,800 fr.

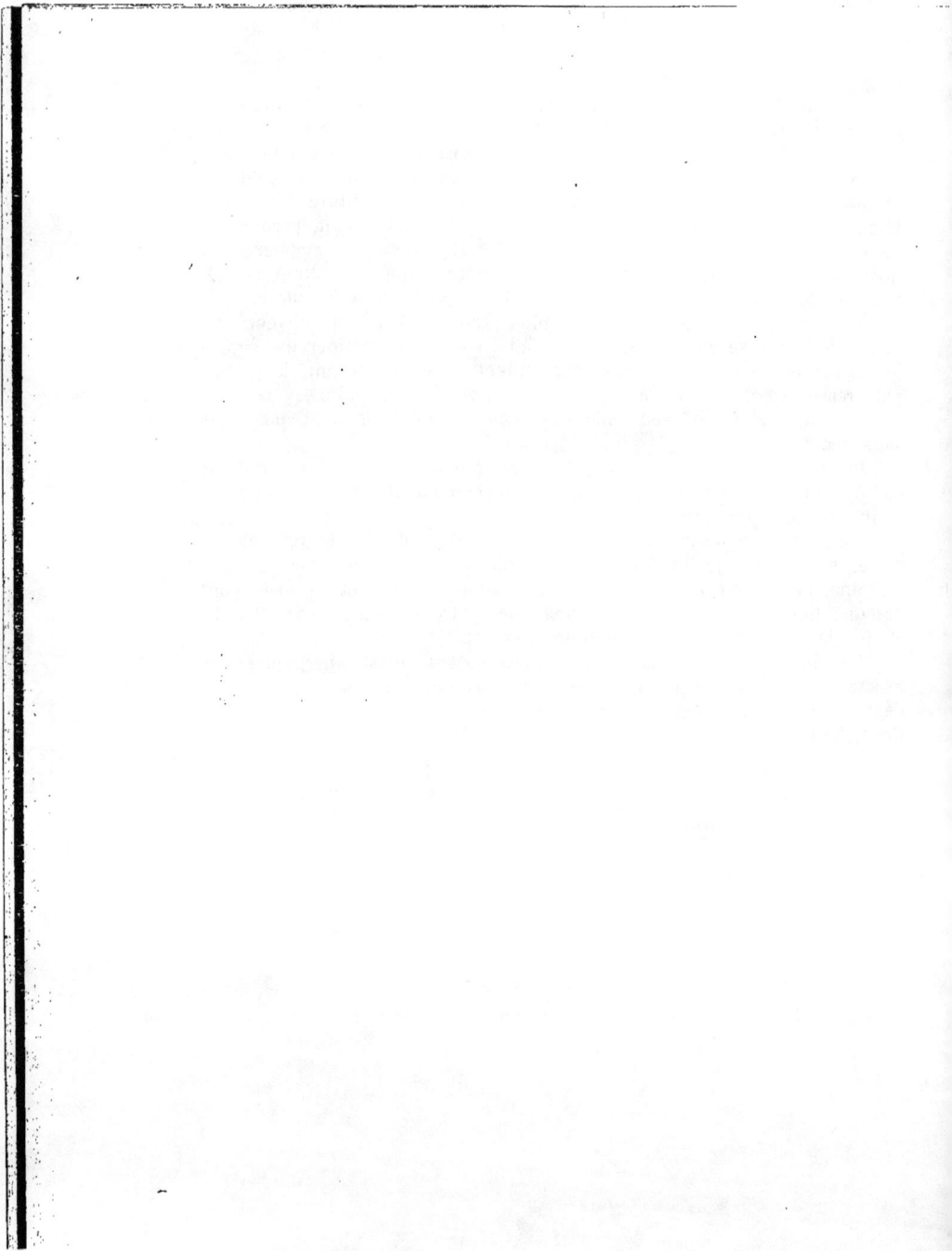

EXPOSÉ ACTUEL

1884

Pour les modifications apportées, comparer avec l'exposé de 1877

Le domaine des Gueris est situé dans une plaine dont les versants légèrement inclinés, vont du Midi vers le Nord; la constitution de la couche arable, aujourd'hui enrichie d'humus ou terre végétale, est à base calcaire pour la plus grande partie, et vers le nord de la propriété elle est mêlée d'un peu d'albumine. Le sous-sol, perméable dans presque toute l'étendue du domaine, est généralement calcaire et à blocs pouvant servir de pierre à bâtir; dans quelques parties il est à sable calcaire, et dans une très petite étendue un peu argileux.

Les sources, qu'on trouverait assez facilement, seraient de peu d'intérêt, attendu que l'une d'elles, qui est très abondante, est située au midi de la propriété et sert aux usages de l'habitation et à l'irrigation de mes prairies naturelles. L'eau en est très pure et charrie seulement un peu de carbonate de chaux.

L'étendue de ce domaine est de 43 hectares environ. Les étables, écuries, hangars pour les fumiers forment un ensemble régulier et complet.

Les pièces de terre sont séparées, où la nécessité s'en est fait sentir, par d'énormes fossés servant de drainage à ciel ouvert. Il y a peu de haies, mais des plantations de peupliers de belle venue.

CLASSEMENT

Prairies naturelles	8 hect.	00 cent.
Prairies temporaires	1 —	50 —
Luzernes	4 —	60 —
Terres arables	27 —	00 —
Bois taillis	2 —	00 —

La culture et les assolements pour les terres arables ont été complètement modifiés depuis 1877, par suite de la disparition totale des vignes. La rotation des cultures était à cette époque quinquennale, elle est actuellement biennale. Elle est comme suit, pour les 27 hectares qui se trouvent en dehors des prairies naturelles et artificielles :

Trèfles, vesces, maïs, fourrage. . . . . 6 hect. 00 cent.
Pommes de terre . . . . 2 — 00 —
Betteraves fourragères . . . . 2 — 00 —
Maïs à grainer ou fèves . . . . 3 — 50 —

Toutes ces plantes reçoivent 36 à 40,000 kilos de fumier d'étable par hectare.

Blés. . . . . 13 hect. 50 cent.

Le blé, succédant aux plantes fourragères sarclées et énergiquement fumées, se trouve dans les meilleures conditions de succès ; aussi présente-t-il les plus hauts rendements.

En 1882, j'ai eu 33, 35 et 42 hectolitres de blé à l'hectare. Par contre, en 1883, en raison d'intempéries exceptionnelles, je n'ai pu ensemencer qu'en décembre et mars ; les terrains étant mal préparés, le rendement est tombé à 22 hectolitres.

RENDEMENT EN 1882

Récoltes fourragères et sarclées à l'hectare

Trèfles, deux coupes. . . . . 45,000 kilos (fourrage vert).
Vesces . . . . 7,900 — (fourrage sec).
Pommes de terre. . . . . 300 hectolitres.
Betteraves . . . . 74.000 kilos (quelques-unes du poids de 9 kil.)
Carottes. . . . . 39,000 — (d° de 3 kil.)
Maïs à fourrage. . . . . 66,000 —
Maïs à grainer . . . . 54 hectolitres.

1883

Trèfles, deux coupes . . . . 40,000 kilos (fourrage vert).
Vesces semées avec blé comme appui. . . . . 12,000 — (fourrage sec).
Pommes de terre sur défriché de luzerne . . . . 320 hectolitres.
Betteraves . . . . 49,000 kilos.
Maïs à fourrage. . . . . 37,000 —
Maïs à grainer . . . . 50 hectolitres.

Les prairies naturelles sont à peu près complètement fumées avec le purin soigneusement recueilli dans des citernes.

RENDEMENT 1882

Foin et regain. 7,900 kilos.

1883

Foin et regain. . . . . 9,000 kilos (fourrage sec).

Les luzernes sont semées, avec un mélange de graine de sainfoin, à l'aide du semoir Garret; elles reçoivent 1,000 kilos d'engrais, contenant 150 kilos de potasse et 50 kilos d'acide phosphorique.

Le rendement en 4 coupes a été de 57,000 kilos fourrage vert, soit 14 à 15,000 kilos fourrage sec. Les vesces ont donné de 11 à 12,000 kilos.

Les véhicules employés sont les charrettes à deux roues et les tombereaux, avec harnachement ordinaire des animaux.

Les parties basses de la propriété sont drainées par des rigoles pratiquées à 50 centimètres de profondeur, contenant 20 centimètres de pierres, cela sur une étendue de 4 hectares.

L'arrosage des prairies naturelles se fait par déversement avec la plus grande surveillance.

Les instruments employés sont : la charrue Dombasle et la charrue Brabant, la charrue du pays (pour certains travaux), batteuse à vapeur, faucheuse Wood, la moissonneuse Jonsthon, la faneuse Howard, rateau automatique, le semoir et la houe Garret, le rouleau Croskill et le rouleau en pierre et en bois, distributeur d'engrais de Garrett, scarificateur, herse ordinaire, pelle à bœufs, concasseur, hache-paille, buttoir, coupe-racines, etc., etc.

Comme je l'ai dit en 1877, j'ai eu l'idée, le premier en France, je crois, d'ensiler la tige sèche du maïs après sa production; jusqu'ici, on n'avait ensilé que le maïs vert. Mon entreprise a pleinement réussi. La qualité de ce fourrage est attestée par le bon effet produit sur les vaches et, en outre, par l'analyse que j'en ai fait faire par M. Grandeau, directeur de la Station Agronomique de l'Est, à Nancy. C'est là un résultat précieux, non seulement pour moi, mais pour la France en général, et plus particulièrement pour le Midi, où la culture du maïs prendra de plus en plus d'extension, depuis surtout qu'on reconnaît que le grain concassé de cette plante remplace avantageusement l'avoine pour la plupart des chevaux. On sait aussi que, lorsque l'on récolte 3,000 kilos de maïs, on recueille le même poids en paille. Ce procédé nouveau permet donc d'employer utilement une production qui, jusqu'ici, était regardée comme sans avantages et qu'on rejetait même. Chacune de mes vaches mange 7 kilog. de cette conserve par jour.

Je suis convaincu que M. Lecouteux a rendu les plus grands services au pays par sa propagande active en faveur de l'ensilage du maïs vert, ce qui m'a amené et en amènera bien d'autres à l'ensilage des pailles de maïs.

Les plantes sont buttées et sarclées.

Les chevaux, au nombre de 7, sont de race bretonne, nourris avec 3 kilog. 500 grammes d'avoine, maïs, épeautre concassé, 3 kilog. de paille hachée, 1 kilog. de farine d'arachide, 7 kilog. 500 de foin. Les chevaux sont employés aux transports journaliers et au labourage, fournissant un travail de dix heures par jour.

Je possède 42 vaches laitières, Cottentines, et 2 taureaux. Les veaux sont vendus à 15 jours : les mâles, 50 à 55 francs ; les femelles, pour élèves, 100 francs. Les vaches sont nourries à l'étable pendant 10 mois. Pendant 6 mois de l'année, elles reçoivent 7 kilos 500 fourrage sec. 14 à 15 kilos betteraves, mélangés avec 2 kilos paille hachée et 1 kilo farine d'arachide; pendant 4 mois, des fourrages verts : luzernes et maïs; pendant 2 mois, elles sont au pacage et reçoivent du maïs vert.

Le beurre se vend 3 fr. 20 le kilog.

Les fromages façon Brie, Hollande, Camembert, Coulommiers, trouvent leur écoulement dans les villes suivantes : Barbezieux, Angoulême, Chalais, Châteauneuf, Jarnac, Cognac, Saintes, Tonnay-Charente, La Rochelle, Saint-Jean-d'Angély, Marennes, Pons, Saint-Genis-de-Saintonge, Mirambeau, Montendre, Jonzac, La Roche-Chalais, Limoges, etc., etc., à 1 fr. 50 le kilo.

Trois truies donnent environ 40 porcelets, qui sont vendus à Bordeaux à 11 ou 12 mois, au prix moyen de 110 fr. ; les résidus de la fromagerie servent à leur nourriture, avec pommes de terre et 250 grammes par tête farine arachide; pendant l'été, trèfles, vesces, etc.

La basse-cour est peuplée de volailles, race de Barbezieux.

Comme je l'ai dit en 1877, ma comptabilité est des plus simples; elle consiste à débiter la propriété des sommes qui y sont dépensées et à porter au crédit le produit de ce qui est vendu. Je le répète, j'ai toujours considéré comme impossibles et inexactes les méthodes de tenue de livres offrant une étroite analogie avec la comptabilité commerciale. Les évaluations, en ce qui concerne les pailles, foins, fumiers, journées de chevaux, etc., ne peuvent être qu'erronées et fantaisistes. En définitive, tout se résume à savoir ce qu'on dépense pour la propriété et ce qu'on en retire : ce que j'établis au chapitre qui traite plus spécialement du budget.

Les prévisions que faisait entrevoir le dernier paragraphe de mon exposé de 1877 se sont pleinement réalisées, comme le montrent les chiffres ou les résultats obtenus d'après la situation que j'expose d'autre part.

RÉSUMÉ DES DÉPENSES & RECETTES DE L'ANNÉE

Recettes

42 Vaches normandes, à une moyenne de 1,800 litres... 75,600, à 0 fr. 24 . .	18,144	
20 Veaux mâles vendus à 15 jours, à 55 fr.	1,100	
20 Vêles id. à 100 fr.	2,000	
3 Truies produisant en moyenne 45 porcelets :		
42 vendus à Bordeaux à 11 et 12 mois, au prix moyen de 100 fr.	4,620	
350 Hectolitres blé (semence déduite), à 20 fr.	7,000	
7 Chevaux en dehors de la culture, foin 42 milliers, à 35 fr.	1,470	
Laitages, volailles pour trois ménages	700	
1|2 Charretier servant à la distillerie	375	
Nourriture d'un homme pour la distillerie	400	35,809

Dépenses

1 Maître domestique et sa femme	1,000	
2 Charretiers.	1,500	
4 Hommes pour l'exploitation, à 2 fr. 45 par jour	2,800	
3 Vachers et fromagers	1,600	
Dépenses de la maison	2,500	
Impôts et prestations, assurances.	854	
Maréchal et bourrelier pour 7 chevaux	700	
Entretien des instruments et du matériel agricole, amortissement compris	800	
Intérêts et pertes sur bestiaux 12 0/0 ; 42 vaches, 2 taureaux, 7 chevaux, représentant environ 30,000 fr.	3,600	
Instruments de laiterie, sel, emballages, moules, etc.	400	
Engrais chimiques.	700	
Tourteaux d'arachide	1,800	
Avoine, 50 hectolitres	500	
Entretien des bâtiments	500	
Bourre ou bruyères pour litières des animaux	500	19,754
Reste bénéfice net		16,055

Le point difficile, comme je l'ai dit en 1877, c'est de donner une valeur monétaire à ma propriété. Il faut se rappeler qu'au début (1789), cette propriété a coûté 26,366 fr. Elle offre aujourd'hui les résultats du travail incessant de trois générations. Pendant de longues années, la lutte a été rude en raison de ressources financières très limitées.

Bien qu'une estimation quelconque puisse être sujette à contestation dans le moment exceptionnel que nous traversons, je crois cependant pouvoir donner au domaine des Gueris une valeur de 160,000 fr., bétail et matériel compris.

C'est le chiffre que je fais figurer dans mes actes notariés et qui a l'approbation de mes fils, héritiers naturels.

Le domaine des Gueris donne donc, d'après les comptes des recettes et dépenses, un revenu de 14 0/0 sur le capital représentant la valeur de la terre.

Ce revenu est la preuve évidente d'une administration économiquement conduite. Il est fait pour frapper les yeux des propriétaires, attachés aux vieilles méthodes, et qui ne tirent de leurs terres qu'un profit moyen de 2 1/2 0/0. Ce résultat détruit également l'erreur de ceux qui prétendent que les améliorations faites selon les progrès de la science se gagnent à coup de capitaux et n'offrent pas de rémunérations satisfaisantes, que ces améliorations peuvent être ruineuses pour les petites bourses, et qu'il y a prudence à s'en écarter Tout est relatif, mais je suis convaincu qu'en suivant mon mode d'exploitation, avec des ressources moindres, tout propriétaire vigilant et soigneux peut réaliser des revenus supérieurs à ceux qu'il obtient en obéissant à la routine. C'est ce qui doit ressortir des différents exposés que j'ai établis, ce qui doit être pour ainsi dire la moralité encourageante de ces longues et patientes opérations agricoles, dont on a pu suivre la marche et reconnaître les progrès successifs, depuis 1861 notamment.

* *

Préoccupé de l'état critique créé par la disparition des vignes, j'ai cru devoir joindre à mon exploitation une laiterie pouvant travailler 1,000 à 1,200 litres de lait par jour. Cette industrie nouvelle me permettra de distribuer autour de moi, annuellement, une somme de plus de 45 à 50,000 fr. en acquisition de lait; cela ne manquera pas d'encourager, dans un vaste rayon, la culture fourragère appelée à régénérer notre sol épuisé (1884).

Nota. — Cette industrie laitière, en pleine activité, emploie aujourd'hui (1886) 4,000 litres de lait. Les fromages et le beurre sont, pour la plus grande partie, expédiés à l'étranger.

RÉCOMPENSES OBTENUES DANS DIVERS CONCOURS

* *

J'ai acheté, en 1883, 12 hectares de terrain qui figurent sur mon plan, mais qui ne rentrent pas encore dans mon exploitation. On pourra constater que, dès la première année, j'ai accompli un travail considérable en transport de terre et labourage pour mettre la moitié des terrains en culture. Dès que la totalité sera en état de production, je pourrai porter mon troupeau de vaches de 42 à 50 têtes.

Nota. — Ce terrain est actuellement (1886) en pleine culture, et chacun peut constater, au moment des récoltes, les résultats frappants obtenus par les engrais chimiques dès les premières années.

* *

Je ne veux pas terminer cet exposé sans relater ici le fait important de la création d'une maison de commerce en commandite, par actions, que j'ai fondée en 1853, au capital de *deux millions de francs*, alors que mon père s'occupait presque exclusivement de l'exploitation du domaine des Gueris.

Le nom de cette maison est aujourd'hui connu avec avantage dans le monde entier, et, sur les principales places d'exportation, notamment à Melbourne, le premier marché du monde, elle occupe le premier rang après les maisons Hennessy et Martell, qui sont sans rivales.

Nos actionnaires ont touché un revenu annuel moyen de 7 p. 100.

Il serait à désirer que la commission voulût bien visiter cet établissement, qui se relie naturellement à l'agriculture, puisqu'il favorise l'écoulement des produits du sol, complète l'œuvre du propriétaire et assure à chacun, aux alentours, un moyen de ressources et souvent de richessse dont on peut disposer en tout temps sans déplacement.

La création d'une *Société Vinicole* à Barbezieux, pays inconnu dans le monde commercial il y a trente-cinq ans, présentait des difficultés sérieuses à l'abri desquelles se trouvaient les maisons qui s'établissaient à Cognac même. Ces difficultés, je les ai victorieusement traversées, et je puis dire, avec satisfaction, que la notoriété dont jouit aujourd'hui ma maison n'a rien à envier à celles des plus importantes maisons de Cognac.

EXPÉRIENCES & RÉSULTATS

LETTRES, ÉTUDES

ET

DOCUMENTS DIVERS

ENSILAGE DE LA PAILLE DU MAIS RÉCOLTÉ POUR GRAIN

A Monsieur LECOUTEUX, Rédacteur en chef du *Journal d'Agriculture pratique*.

Monsieur,

Les nombreux articles que vous avez insérés dans le *Journal d'Agriculture pratique*, sur l'ensilage du maïs, ainsi que votre ouvrage intitulé : *Culture et ensilage du maïs-fourrage et des autres fourrages verts*, ont appelé mon attention spéciale, tant je trouvais cette question digne d'intérêt, car une grande partie de la France voit, sur vingt années, quinze mauvaises années de fourrages.

Dans le département de la Charente, de 1870 à 1876, le prix du foin a varié de 85 à 160 fr. les 1,000 kilog. Au 10 avril de cette année, les prairies naturelles et artificielles donnaient les plus belles espérances, lorsque les nuits du 13 et du 14 ont amené des gelées qui réduiront de beaucoup les résultats prévus. Les bœufs de labour ont diminué en peu de jours de 100 fr. par attelage : cette baisse subite s'explique par la crainte d'un manque de fourrage.

C'est à ce moment critique qu'apparaît toute l'importance de votre propagande en faveur du maïs; car, à l'heure présente, il est facile de réparer le mal causé par les fortes gelées dernières, grâce à l'ensemencement de cette plante. Avec l'humidité que nous avons, et pour peu que le terrain soit bien préparé, il est permis d'espérer une belle récolte en maïs-fourrage et en maïs à grain.

Je recommanderai ce dernier d'une façon toute particulière; en voici la raison : les blés ont beaucoup souffert cette année, par suite de la température humide et froide de l'hiver et du printemps; on peut dire, sans être taxé de pessimisme inconsidéré, que la récolte des céréales sera peu abondante. Le maïs peut donc être d'un grand avantage, en augmentant la proportion du grain et des fourrages, comme je vais essayer de le démontrer.

L'année dernière, n'ayant pas plus de maïs-fourrage que la quantité nécessaire à mon bétail, j'ai eu l'idée d'ensiler la paille de maïs; j'avais toujours regretté de ne pouvoir utiliser ces pailles, qui, ne pouvant être facilement réduites en fumier, devenaient un embarras pour moi. Voici comment j'ai pratiqué l'opération :

J'ai fait creuser une fosse de 6 mètres de longueur sur 3 mètres de largeur et 1 mètre de profondeur. Les parois étaient en moellons, avec mortier à la chaux hydraulique; le fond avait été recouvert d'une couche de béton. J'ai pu former un cube d'environ 40 mètres; le maïs a été coupé au hache-paille, mû par le manège de ma batteuse, et placé en couches de 0ᵐ 25, saupoudrée chacune de sel. L'opération a duré trois jours ; le tas a été recouvert d'une petite quantité de blé et d'une couche de paille de 0 ^{m} 20 de terre.

Après deux mois, j'ai ouvert ma conserve. J'ai dû briser une couche compacte, 0^m 10 d'épaisseur, légèrement moisie ; c'est aux grandes pluies que j'attribue cet accident, et j'en augure qu'il vaut mieux que les silos soient à l'abri. Le reste de la conserve était parfait ; la chaleur était considérable ; il s'en exhalait une odeur comparable à celle qui sort des chais où l'on fait le vin. En mâchant des fragments de ce maïs, on lui trouvait un goût agréable.

J'ai commencé immédiatement à livrer ce produit au bétail ; j'ai donné 8 kilog. de cette conserve, mélangés à un kilog. de farine d'arachide, à chaque vache, journellement ; je faisais donner, en outre, 6 kilog. de luzerne par tête. Mes vaches avaient eu précédemment, et pendant tout le mois de décembre, 8 kilog. de pailles de céréales coupées et additionnées de 1 kilog. de farine d'arachide et même quantité de luzerne, c'est-à-dire 6 kilog.

C'est au 1er janvier que j'ai remplacé la paille par la conserve de maïs ; son emploi a duré un mois et demi. Avec ce nouvel aliment, mes vaches ont donné plus de lait ; j'ai été frappé de leur bon état, de la finesse du poil et du moelleux de la peau. J'ai fait analyser ma conserve par M. Grandeau, de Nancy, qui a trouvé la composition suivante :

Échantillon de paille de maïs ensilé envoyé par M. BOUTELLEAU (1)

COMPOSITION POUR 100 :

Eau.	48.25	
Cendres	7.07	
Cellulose	15.58	
Matières azotées	1.86	
Amidon.	25.99	
Sucre (traces).	»	27.24 p. 100
Matières grasses	1.25	
Alcools et acides (traces).	»	

$$\frac{\text{Matières azotées}}{\text{Matières non azotées et grasses}} = \frac{1}{14} \quad (2)$$

Il résulte de l'analyse que cette conserve représente un peu moins que la moitié de la valeur nutritive du bon foin de prairie, et une valeur à peu près égale à celle de la paille de froment. Mais je dois ajouter que ma préparation a été

---

(1) Cette paille ne comprenait pas les produits de l'écimage, qui sont enlevés du champ aussitôt que les organes mâles ont rempli leur rôle. Or, cette partie de plante est d'une certaine richesse.

(2) « Associé à raison de 8 kilogr. avec 1 kilogr. de tourteau d'arachide (composition moyenne prise dans le tableau des rations alimentaires, instruction pratique 1876), cette paille donne un excellent fourrage dans lequel le rapport entre les matières azotées et les matières non azotées est de $\frac{1}{4.25}$ ou $\frac{1}{4.50}$. Les bons résultats obtenus par cette opération ne me surprennent nullement ; on pourrait même employer 9 kilog. paille et 1 kilog. tourteau. »

faite dans de mauvaises conditions, c'est-à-dire trop tard (aux premiers jours de novembre). La paille, à cette époque, était trop desséchée.

Il faudrait faire cette opération aussitôt la cueillette des épis. Je crois qu'on pourrait, sans inconvénient, hâter cette récolte sans nuire à la qualité du grain, et cela au grand profit de la paille (fin septembre, par exemple). D'un autre côté, j'ai envoyé ma conserve à Nancy dans une enveloppe de toile, où elle est restée plusieurs jours, alors qu'elle aurait dû être mise dans une caisse en métal.

Je crois que l'ensilage de cette paille fait dans de bonnes conditions équivaudrait, à très peu de choses près, à celui du maïs ensilé vert.

Est-il besoin de faire ressortir davantage l'immense résultat qu'on peut retirer de cette innovation? Tout le monde sait que le poids de la paille est à peu près égal à celui du grain; ainsi, un hectolitre de maïs, pesant 70 kilog., donne 70 kilog. de paille; admettant que la valeur nutritive de cette paille soit égale à la moitié de la valeur du foin, il en résulte qu'elle représente 35 kilog. de bon foin valant 0,08 le kilog. Il y a à déduire les frais d'ensilage, mais ils sont minimes pour peu qu'on opère sur une grande échelle.

Si l'on calcule la quantité d'hectolitres de maïs récoltée en France, on aura une idée des ressources considérables retirées d'une chose négligée jusqu'à ce jour.

Le produit moyen de 1 hectare étant de 45 hectolitres de grain, la récolte de paille est d'environ 3,000 kilog., qui, à 40 fr. les 1,000 kilog., donnent un produit de 120 francs venant s'ajouter au produit du maïs.

Je suis persuadé que le maïs concassé entrera de plus en plus dans l'alimentation des chevaux. Sa valeur nutritive est plus grande que celle de l'avoine. Or, dans la Charente, le maïs s'est vendu cette année 13 fr. les 80 kilog., et l'avoine 13 fr. les 50 kilog. J'ai déjà eu l'occasion de signaler ce fait, qui a été reproduit par plusieurs journaux, à savoir qu'on réalise une économie du tiers à la moitié, en nourrissant les chevaux au grain concassé, avec paille hachée, additionnée de 1 kilog. de farine d'arachide par cheval. La culture du maïs est sans nul doute appelée à prendre une très grande extension; en Angleterre, depuis quelque temps, ce grain entre, pour une grande partie, dans l'alimentation des chevaux. Quant à moi, durant une année (1875-1876), où les fourrages ont manqué et où le foin a valu 160 fr. les 1,000 kilog., j'ai pu, sans acheter de foin, conserver la même quantité de bétail, soit dix-huit vaches laitières, un taureau et dix chevaux, dont six pour les travaux de la propriété, deux d'attelage et deux de selle.

Je considère, Monsieur, que vous avez rendu un immense service au pays en vous occupant aussi sérieusement que vous l'avez fait de la question d'ensilage. J'aime à espérer avec vous que les propriétaires, désireux d'accroître la quantité de leurs fourrages ou de parer aux dommages précoces que subissent leurs récoltes, se pénétreront de la grande importance de vos opérations, qui, dirigées avec soin, peuvent créer en agriculture une véritable et nouvelle source de richesse.

Veuillez agréer, etc.

BOUTELLEAU.

Les Gueris, 11 mai 1876.

M. Boutelleau a pratiqué avec succès l'*ensilage de la paille de maïs*, et c'est ainsi qu'il est parvenu, par une double récolte de grain et de paille fourragère, à obtenir l'un des rendements les plus élevés que puisse fournir une plante à récoltes maxima. Riche entre toutes les plantes agricoles, est donc le maïs utilisé de la sorte. Et s'il est vrai que la paille ainsi ensilée ne donne pas lieu à un fourrage de haute valeur nutritive, il n'en reste pas moins établi, par l'expérience de M. Boutelleau, qu'il y a lieu de rechercher si, par la simple addition d'une très petite quantité de maïs récolté en vert et haché menu, on n'obtiendrait pas une fermentation plus alcoolique, et, partant, un produit plus alimentaire pour le bétail. Nous insistons ici pour que des essais soient entrepris dans cet ordre d'idées. Tous les pays à maïs-grain y sont intéressés.

Dans notre livre sur l'*Ensilage du maïs et autres fourrages* (1), nous avons eu l'occasion de mentionner (p. 99) le système de traitement, par la fermentation, de la paille de froment, qui avait été mis en pratique par un fermier anglais. La fermentation de la paille hachée était provoquée, dans ce système, par l'apport d'une très petite quantité de fourrage vert qui servait, pour ainsi dire, de ferment, sans préjudice de son rôle de fourrage d'excellente qualité par lui-même. Ces sortes de mélanges sont à étudier. La fermentation, voilà un agent que nous avons à utiliser de plus en plus pour le bon aménagement de nos fourrages.

M. le marquis de Ridolfi nous écrivait dernièrement une lettre où il paraît attacher une grande importance à l'utilisation du maïs comme grain parvenu à toute sa maturité. Ce serait bien le cas d'ensiler la paille de ce maïs, comme, du reste, le pratiquait M. Reihlen en Bavière.

E. Lecouteux.

(1) Librairie agricole, rue Jacob, 26.

Les Gueris, 19 avril 1877.

A Monsieur LECOUTEUX, rédacteur en chef du *Journal d'Agriculture pratique*

Monsieur,

Je viens, selon ma promesse, vous rendre compte du résultat de ma deuxième expérience d'ensilage de paille de maïs. Mon opération a été faite le 15 octobre; la paille, cueillie dans de meilleures conditions que l'année passée, a donné des résultats plus satisfaisants.

L'analyse de M. Grandeau constatait, pour l'ensilage de 1875, la proportion suivante :

$$\frac{\text{Matières azotées}}{\text{Matières non azotées}} = \frac{1}{14}$$

Relativement à la conserve de 1876, sa formule est ainsi :

$$\frac{\text{Matières azotées}}{\text{Matières non azotées et grasses}} = \frac{1}{8.55}$$

La paille de maïs ensilée représente 1.92 d'azote, celle du maïs vert en contient 1.85.

Vous voyez qu'il y a amélioration et que les prévisions émises dans ma lettre du 14 avril 1876 se sont réalisées.

Je ne désespère pas d'obtenir, par certaines combinaisons, dans les années qui vont suivre, un résultat plus satisfaisant encore. Cette conserve a été utilisée, comme l'année dernière, à raison de 8 à 10 kilog. par vache, additionnés d'un kilogramme de farine d'arachide.

Je parlais l'année dernière de l'avantage qu'il y aurait à substituer, dans beaucoup de cas, le maïs à l'avoine pour l'alimentation des chevaux. Je vois que cette idée fait des progrès en France; tout dernièrement, M. Magne préconisait ce mode de nourriture en en faisant ressortir la valeur. Si cet usage se développe en France, comme cela est probable, et qu'il prenne l'extension qu'il a déjà en Angleterre dans toute grande entreprise de roulage, la culture du maïs se fera sur une vaste échelle et deviendra une source de vraie richesse.

Aucune plante ne donne de résultats meilleurs, surtout si la paille est utilisée. Les terres peuvent produire à l'hectare 45 hectolitres de grain, au prix moyen de 14 fr., ci . . . . 630 fr.

Paille, 3,500 kilog., représentant en foin 700 kilog., au prix moyen de 100 fr. les 1,000 kilog. 70

Soit, pour le produit d'un hectare . . . . 700 fr.

Quand même on ajouterait au fumier d'étable pour 100 fr. d'engrais chimiques, il resterait encore 600 fr. Quelle est la plante qui donne un pareil rendement?

Il faut espérer que l'administration de la guerre comprendra qu'il y a autre chose que l'avoine pour les chevaux, et que souvent il y aurait économie immense à substituer le maïs et les fèves concassés à l'avoine.

Dans tous les cas, l'avoine devrait toujours être décortiquée avant d'être livrée aux chevaux. Un concasseur et un petit manège suffiraient par escadron ; hommes et chevaux ne manquant pas, cette opération serait facile. Les résultats que j'ai obtenus ont été constatés par des officiers d'artillerie et de chasseurs. Mes expériences ont été faites sur les onze chevaux que j'ai sur ma propriété; ils sont au moins de la force de ceux de l'artillerie, leur travail est plus grand (dix heures par jour), leur état d'embonpoint bien meilleur. Les praticiens constatent que le grain concassé ou décortiqué gagne un quart en valeur nutritive.

Veuillez agréer, etc.

BOUTELLEAU,

Membre de la Société des Agriculteurs de France.

C'est une grosse question de savoir si, pour azoter les maïs d'ensilage, il est préférable de les additionner de tourteaux dans le silo même, plutôt que de faire le mélange au moment de la sortie du silo, alors que le maïs va passer dans la mangeoire de l'étable. Nous avons appelé l'attention de nos lecteurs sur ce point de pratique dans notre brochure intitulée : *Culture et ensilage du maïs*. Nous serions heureux que les expérimentateurs qui ont opéré dans cette direction d'idées voulussent bien nous communiquer le résultat de leurs recherches; mais, quoi qu'il en soit, il est certain que, dès à présent, l'ensilage du maïs et du sorgho livre à l'agriculture une matière alimentaire à laquelle il est très facile d'ajouter, soit avant, soit après la fermentation en silo, la matière azotée qui ne s'y trouve pas en quantité suffisante pour certaines nécessités de la nourriture du bétail.

E. L.

Barbezieux, Mars 1877.

A Monsieur LE CORDIER, directeur du *Cheval de Guerre* (Paris).

Monsieur,

J'ai lu avec infiniment de plaisir les articles de M. Magne, que publie votre journal, sur la substitution du maïs à l'avoine pour l'amélioration des chevaux.

Depuis plusieurs années, l'avoine a été à des prix relativement beaucoup plus élevés que le maïs et les fèves; ainsi, dans notre région, l'avoine a valu en moyenne 13 fr. les 50 kilog., et le maïs et les fèves 12 et 13 fr. les 80 kilog. Ayant constamment dans mes écuries de 10 à 11 chevaux de selle, de voiture et de labour, j'ai dû rechercher quels étaient les moyens les plus économiques pour les nourrir.

C'est alors que j'ai eu l'idée d'employer le maïs concassé, et voici la ration que j'ai adoptée, et dont mes chevaux se sont parfaitement bien trouvés :

7 kilog. foin, matières azotées. . .	0,707	» f. 98
3 kilog. 500 maïs concassé	0,443	» 60
1 kilog. farine arachide	0,443	» 18
2 kilog. paille	0,060	» 14
	1,653	1 f. 90

Cette ration a remplacé celle que je donnais précédemment et qui était composée comme suit, pour les gros chevaux :

10 kilog. foin, matières azotées . . .	1 k.	1 f. » »
5 kilog. avoine.	0,633	1 30
2 kilog. paille	0,060	» 14
	1,693	2 f. 44

D'où il résulte une économie de 54 centimes par cheval et par jour.

Les chevaux de la propriété font un travail à peu près régulier de 10 heures par jour; leur embonpoint et leur vigueur ne laissent rien à désirer.

Lorsque je fais manger l'avoine ou l'orge récoltées dans la propriété, je fais toujours procéder au concassage de ces grains; je crois que l'avoine, non pas précisément concassée, mais décortiquée, produit de bien meilleurs effets que lorsqu'elle est livrée en nature aux chevaux.

Agréez, Monsieur le Directeur, l'assurance de mes sentiments les plus distingués.

BOUTELLEAU,
Membre de la Société des Agriculteurs de France.

A Monsieur LE CORDIER, directeur du *Cheval de Guerre.*

Monsieur,

D'après un mémoire communiqué à la Société centrale d'agriculture, le 14 de ce mois, par un haut fonctionnaire de la Compagnie des Omnibus de Paris, la substitution du maïs à une partie de l'avoine que l'on donnait aux chevaux a fait réaliser, pendant l'année 1876, plus de 400,000 fr. d'économie. Cette Compagnie espère en réaliser une plus forte en 1877.

Mon honorable collègue, M. Boutelleau, a donc bien compris toute l'importance du sujet que j'ai traité dans ma note sur la substitution du maïs à l'avoine, et le public intéressé lui saura gré d'appuyer de son expérience et de sa démonstration si rationnelle une question qui devrait être résolue depuis vingt ans.

Ce savant agriculteur voudra bien, j'espère, m'excuser si je ne partage pas sa manière de voir sur les bons effets du concassage de l'avoine destinée à nourrir les chevaux; je ne voudrais pas que son opinion autorisée fît renaître la confiance qu'on a eue, pendant un certain temps, dans l'emploi des concasseurs, aplatisseurs, etc., pour augmenter les qualités nutritives de ce grain. Je ne crois pas, d'après mes expériences, que 7 litres d'avoine concassée ou décortiquée puissent remplacer 10 litres d'avoine entière. Certainement, je ne mets pas en doute l'exactitude du fait que rapporte M. Boutelleau, mais je suis convaincu que si ses chevaux étaient suffisamment nourris quand ils ont reçu 7 litres d'avoine, ils l'étaient en excès quand ils en recevaient 10, ou qu'une partie de la ration était perdue.

Pour faire comprendre ma pensée, je reproduirai le passage suivant de mon livre : *Choix et nourriture du cheval,* à cause des chiffres qu'il renferme :

« Un cultivateur du département d'Eure-et-et-Loir donnait par jour à ses huit chevaux :

Avoine entière 60 kil., valeur	13 fr. 20
Fourrages . . 100 — —	12 fr. » »
160 kil.	25 fr. 20

» A partir du 1er mars jusqu'en novembre, — continue l'auteur qui rapporte ces chiffres, — on ajoutait à ce régime ancien 5 à 6 litres de son par cheval, qui était donné au repas de midi, et dont nous n'avons pas tenu compte, bien qu'il n'entre pas dans le nouveau régime d'aujourd'hui, lequel se compose ainsi :

		Valeur	
Avoine aplatie.	45 kil.	9 fr.	90
Orge écrasée.	10 500	1	68
Fourrage haché	27	3	24
Paille hachée	27	1	22
Frais de manutention		1	06
	109 kil. 500	17 fr.	10

» Ce qui fait une différence numérique de 8 fr. 10 c. par jour, ou 1 franc environ par cheval... »

Je me borne à faire remarquer que chaque cheval recevait, avec la première ration, 20 kilog. de nourriture, représentant à peu près 27 kilog. de foin, soit 271 grammes d'azote et 5,351 grammes de carbone, à peu près les quantités qu'en prennent, avec leurs copieuses rations, les gros chevaux de trait de Paris; qu'avec la seconde, la ration de chaque cheval était de 13 kilog. 362 grammes, soit à peu près l'équivalent de 18 kilog. de foin ou 175 grammes 5 d'azote et 3,686 grammes 6 de carbone; qu'en outre, cette dernière ration est bien composée, que les principes plastiques et les principes respiratoires y sont dans de justes proportions, à peu près comme dans le foin et dans l'avoine.

La première ration était évidemment trop forte pour des chevaux de ferme, et la seconde largement suffisante et, en outre, fort rationnelle, à cause de la paille, qui complète l'orge. Aussi, mon confrère M. Garreau, qui voyait ordinairement les chevaux, a-t-il pu dire dans sa brochure, *Disette des fourrages :* « Je n'ai jamais vu ces chevaux dans un meilleur état de santé que depuis l'emploi du régime haché. »

J'ajoute, en terminant, que toutes les fois qu'on a pu diminuer impunément dans une forte proportion les rations des chevaux, par suite seulement de la préparation du *foin* et de l'*avoine*, c'est que les rations normales étaient trop fortes; que l'économie doit être cherchée dans l'emploi d'aliments moins chers, soit qu'on les donne seuls, soit qu'on les associe pour les compléter les uns par les autres au point de vue de la composition chimique, sauf à les soumettre, avant de les administrer, à l'action des concasseurs, des hache-paille, etc.

Je vous prie d'agréer l'assurance de mes sentiments très distingués.

J.-H. MAGNE,

Membre de la Société des Agriculteurs de France.

A Monsieur LE CORDIER, directeur du *Cheval de Guerre.*

Monsieur,

J'ai lu avec un vif intérêt la lettre de M. Magne, qui, répondant à certains points de la mienne, n'admet pas la supériorité de l'avoine décortiquée sur l'avoine à l'état naturel pour l'alimentation des chevaux. Je demanderai à M. Magne si l'avoine, conservant ses facultés germinatives la digestion faite, a donné, lors de son passage, toutes ses propriétés nutritives. Il est notoire qu'après la déjection de l'avoine non décortiquée, celle-ci germe en abondance, comme si elle avait conservé ses propriétés intactes. Si, après la déjection de l'avoine décortiquée, ces principes de germination ont disparu, ce qui est, le grain a évidemment donné toutes ses parties à la nutrition, et une moins grande quantité d'avoine à cet état doit suffire pour une alimentation substantielle. Je crois que c'est là un fait concluant et qui m'a frappé tout d'abord, lorsque j'ai fait l'emploi de l'avoine décortiquée. Je serais heureux des observations que M. Magne voudrait bien me faire à ce sujet, car je lui soumets le résultat de mes expériences avec une modestie sincère et le ferme désir de m'éclairer sur des points qui sont d'un haut intérêt et qui ne sauraient se passer des lumières précieuses des hommes de science.

Veuillez agréer, Monsieur, la nouvelle assurance de mes sentiments les plus distingués.

Signé : BOUTELLEAU,

Membre de la Société des Agriculteurs de France.

LES ENGRAIS CHIMIQUES

A Monsieur le Rédacteur en chef du *Journal d'Agriculture pratique.*

Ma propriété se compose de prairies naturelles, terres arables et vignes.

Les vignes sont plantées à deux et trois rangs, séparés par un intervalle de 2 mètres 50 cultivé à la charrue. Ce terrain n'est pas le plus souvent utilisé, de sorte qu'un hectare de vigne comporte, en réalité, deux hectares de terre environ.

Depuis plusieurs années, les gelées de printemps détruisaient tous les bourgeons des vignes, de sorte que, non seulement je ne faisais pas de récolte, mais encore j'étais obligé de payer fort cher une main-d'œuvre sans résultat. C'est alors que j'ai eu l'idée d'utiliser les allées des vignes en cultivant des plantes de printemps : féverolles, vesces, maïs, etc. Mais la difficulté était de fertiliser ce sol, qui n'avait jamais eu de fumier d'étable. En prenant le fumier de ferme, je désorganisais l'agencement de mon assolement ; il n'y avait donc pas à y penser ; j'ai eu recours alors aux engrais chimiques, et voici les résultats que j'ai obtenus :

No 1. — FUMURE A 700 KIL. A L'HECTARE, ENGRAIS *E* (1).

BAILLARGE

Rendement.

Récolte, 30 hectolitres à l'hectare, à 14 fr . . .	420 f. »»	
Paille, 1,470 kilog., à 40 fr. les 1,000 kilog . .	58 80	
	478 80	
A déduire : prix de l'engrais, 700 kilog., à 27 fr.	189 »»	
	289 80	

Rendement du même terrain non fumé.

11 hectolitres, à 14 fr	154	
600 kilog. paille, à 40 fr	24	178 »»
Différence en faveur de l'engrais pour la première année		111 80

(1) Les engrais chimiques que j'emploie m'ont été fournis par la Société anonyme des **produits chimiques agricoles**, dont le siège est à Bordeaux, et qui a pour directeur M. Joulie. Ils sont classés dans le catalogue par lettres alphabétiques.

No 2. — ANNÉE SANS FUMURE AUCUNE, MÊME TERRAIN.

Récolte sur terrain ayant reçu l'engrais l'année dernière (Baillarge).

```
15 hectolitres à l'hectare, à 14 fr. . .    210
Paille, 700 kilog., à 40 fr. . . . . . .     28
                                            ―――
                                            238

Terrain n'ayant pas reçu d'engrais l'année
   précédente, 5 hectolitres, à 14 fr.   70
Paille, 300 kilog., à 40 fr. . . . .     12     82
                                        ―――    ―――
                                        156    156    »
Report de la différence d'autre part . . . . . .  111   80
                                                  ――――――
                                                  267   80
```

Il résulte de ce qui précède que les engrais m'ont donné un avantage de 267 fr. 80 par hectare en deux ans, moins les frais d'épandage, qui sont insignifiants, et que les effets des engrais se sont fait sentir sur deux récoltes consécutives de même nature.

Les gelées d'hiver, en 1870, et les gelées de printemps, en 1871 et 1873, m'ont prouvé, de plus en plus, qu'il fallait renoncer à la culture de la vigne dans les bas-fonds. J'en ai fait arracher plusieurs hectares à partir de 1871 ; le sol a été parfaitement défoncé par plusieurs labours successifs avec de fortes charrues sur lesquelles on attelait jusqu'à six chevaux ; une fois le sol bien en état, j'ai ensemencé le terrain en luzerne mélangée d'avoine, avec une fumure d'engrais chimique A, appliquée à la dose de 900 kilog. à l'hectare. Le rendement de l'avoine a été de 35 hectolitres à l'hectare.

Les années suivantes, fumures avec engrais (G) à la dose de 600 kilog. à l'hectare ; le rendement en luzerne sèche fut de 6,500 kilog. à l'hectare. J'ai ensemencé le même terrain en luzerne, avec une fumure de fumier d'étable ; cette opération avait été pratiquée au mois d'octobre, le fumier bien recouvert et la semaille faite au mois de mars ; récolte sensiblement moins belle qu'avec l'engrais chimique. De plus, ma luzerne a été envahie par les graminées, dont le fumier portait les semences. Mon opinion est que les engrais chimiques sont préférables à tous autres pour les prairies artificielles, en ce sens qu'ils ne portent les graines d'aucune herbe étrangère et que l'on peut ainsi conserver les luzernes et sainfoins plus longtemps.

Je puis dire également que je me suis parfaitement trouvé des engrais chimiques pour maïs, qui m'ont produit de 38,000 à 40,000 kilog. à l'hectare, alors que, par la fumure à l'engrais d'étable, il était moins beau, en raison, je suppose, de l'année qui avait été trop sèche pour décomposer les sels du fumier ; toujours est-il que l'engrais chimique s'était mieux accommodé de l'état exceptionnel de l'atmosphère que le fumier d'étable.

Expérience faite, en 1874, sur une pièce de terre en dehors de l'assolement, d'une contenance de 40 ares, divisée en quatre lots de 10 ares et ensemencée de blé

PREMIER LOT. — SANS FUMURE.

Rendement

```
1  hectolitre, pesant 76 kilog., à 22 fr . . . . .   22   »
108 kilog. paille, à 40 fr . . . . . . . . . . . .    4   30
                                                     ———————
                                                     26   30
```

DEUXIÈME LOT. — ENGRAIS COMPLET A, A LA DOSE DE 1,000 KIL. A L'HECTARE

Rendement

```
3 hectolitres, pesant 77 kilog. l'un . . . . . . .   66   »
351 kilog. paille . . . . . . . . . . . . . . . . .  14   »
                                                     ———————
                                                     80   »
A déduire, produit du premier lot . . . .  26 30
Prix  de  l'engrais . . . . . . . . . . . .  33 50   59   80
                                                     ———————
     Reste en faveur de l'engrais . . . . . . . .    20   20
                                                     ═══════
```

TROISIÈME LOT. — FUMÉ A LA MÊME DOSE AVEC ENGRAIS E (sans potasse)

Rendement

```
2 hectolitres 70, à 20 fr . . . . . . . . . .  59 40 ⎫  70  28
Paille, 272 kilog . . . . . . . . . . . . . .  10 88 ⎭
A déduire, produit du premier lot . . . .      26 30 ⎫  53  30
Prix de l'engrais . . . . . . . . . . . . .     27  » ⎭
                                                     ———————
     Reste en faveur de l'engrais. . . . . . . .    16   98
```

QUATRIÈME LOT, FUMÉ AVEC L'ENGRAIS *G*, SANS AZOTE, résultat négatif, c'est-à-dire que le produit n'a pas dépassé celui du premier lot. Cependant, le prix de l'engrais, perdu en apparence, s'est retrouvé alors que l'engrais fut approprié à la plante qui lui convenait.

Il résulte de ce qui précède que sur une terre pauvre, ne produisant que 10 hectolitres de blé par hectare, il a été possible d'obtenir un rendement de 30 hectolitres, et que le bénéfice net a été de 200 fr. par hectare.

Que sur le troisième lot, avec un engrais moins cher et moins complet, puisqu'il y manquait la potasse, le bénéfice net a été de 169 fr. 80.

Ce même terrain a été ensemencé, au printemps 1876, en sainfoin mélangé avec de l'avoine et sans fumure aucune; l'avoine est venue chétive sur le premier et le quatrième lot, belle sur le deuxième et le troisième lot.

En observant le sainfoin en ce moment, on fait les remarques suivantes : les feuilles du premier lot sont petites, celles du deuxième et du troisième lot plus larges, celles du quatrième lot superbes. C'est cette partie qui a reçu l'engrais *G*, sans azote, dont l'action a été nulle sur les céréales, mais se retrouve aujourd'hui sur le sainfoin.

Je dois dire que l'engrais *C* complet a produit le meilleur effet employé à fumer des arbres tels que platanes, marronniers, tilleuls, poiriers.

Les résultats que je signale se sont produits de la même façon sur la propriété de M. Plumerel, commandant d'artillerie en retraite ; c'est lui qui, le premier, a fait dans le pays l'essai des engrais chimiques, ayant été témoin des résultats frappants obtenus par M. G. Ville, à Vincennes. C'est grâce à lui que j'ai fait usage, après examen, et sur une plus vaste échelle, des mêmes engrais.

En écrivant ces lignes, je n'ai nullement l'intention de faire la critique des fumiers de ferme ; j'y serais d'autant moins autorisé que j'ai dans mes étables et écuries vingt vaches, dix chevaux de labour, de voiture ou de selle, qui y sont constamment nourris, excepté les vaches, qui, durant septembre et octobre, pacagent dans les prairies naturelles. On peut se rendre compte de la quantité de fumier que j'obtiens ; cependant, cette quantité n'aurait pas été suffisante sans le secours des engrais chimiques, et je n'aurais pas pu créer de longtemps les six ou sept hectares de luzerne et de sainfoin que je possède actuellement en plein rapport.

En ce moment, je fais répandre 600 kilog. à l'hectare d'engrais *G*, sans azote, sur mes prairies artificielles. Je laisse au milieu, et sur toute la longueur de chaque pièce, un espace sans engrais de quatre mètres de large. De cette façon, il sera facile, à la récolte prochaine, de constater des résultats visibles. Je me ferai un vrai plaisir de montrer ces expériences à ceux qui y prennent intérêt.

La question des engrais est d'autant plus opportune et doit être d'autant mieux étudiée que tous nos vignobles sont menacés des ravages du phylloxéra. Si l'on ne trouve un prompt remède pour combattre les effets du fléau croissant, que pourront produire des terrains qui n'ont jamais reçu aucune fumure et qui, par la rareté du bétail dans nos contrées, ne pourront pas recevoir la quantité de fumier nécessaire à leur fertilisation ?

Veuillez agréer, etc.

BOUTELLEAU,

Membre de la Société des Agriculteurs de France.

Saint-Médard-de-Barbezieux, 7 janvier 1877.

A PROPOS DES CONCOURS D'ANIMAUX GRAS

1881

A Monsieur le Président de la Société d'agriculture de la Charente et à ses Membres

MESSIEURS,

J'ai vu, dans le compte rendu de notre Société (séance du 15 mai), que je m'étais mal fait comprendre au sujet des Concours d'animaux gras. Je viens donc expliquer plus nettement ma pensée sur une question qui intéresse non seulement les départements où ces Concours ont lieu, mais le pays tout entier.

J'ai demandé, à la séance du 15 mai, quel profit l'agriculture avait retiré jusqu'à ce jour de ces expositions, quels renseignements pratiques avaient recueillis les propriétaires désireux de se livrer à l'engraissement? On m'a répondu que les effets n'étaient pas encore sensibles, que c'était un acheminement vers des résultats ultérieurs et, en attendant, un honneur pour le département de se trouver haut placé dans les concours de Paris. Ces raisons, je dois le dire, ne m'ont pas pleinement satisfait. J'ai tenu alors à exposer mes opinions personnelles, et j'en donne ici le résumé :

Les Comices agricoles, les Sociétés d'agriculture, les Concours régionaux, les Expositions de toutes les sortes n'ont de sérieux intérêts que par les enseignements qu'ils mettent en lumière. Si les yeux seulement sont frappés par des phénomènes extraordinaires, mais mystérieux, où est le but efficace, où est le progrès pour les masses, où est l'utilité de ces institutions?

Mieux vaudrait les supprimer que de les voir se perpétuer, si elles n'aboutissent qu'à montrer des problèmes dont la clé échappe et qui, par cela même, restent sans effet. *Il est vrai que le gouvernement lui-même ne donne pas l'exemple de la vulgarisation la plus élémentaire, puisque les rapports du Concours régional de 1877 (département de la Charente) ne sont pas encore connus même des concurrents.*

L'État, le département, la Société d'agriculture ont fourni des sommes importantes pour les Concours d'animaux gras; il faudrait au moins montrer des résultats en échange de ces libéralités. Quelles sont les données fournies jusqu'à ce jour par les engraisseurs de notre département qui ont eu les plus hautes récompenses? Aucune.

Tout le monde, il est vrai, peut voir dans les comptes rendus et journaux spéciaux que M. X. ou M. Z. ont obtenu les prix les plus élevés à Angoulême, Bordeaux, Paris, pour de superbes animaux, croisement Durham ou autres espèces.

Ce que les agriculteurs ont besoin de savoir, ce ne sont pas les distinctions offertes ou reçues, ce qui met en relief la personnalité de tel ou tel lauréat, mais le mode d'engraissement employé par les spécialistes, la nourriture à donner, les proportions, le degré de cuisson, si les aliments ne doivent pas être servis crus ; quelles sont enfin les farines, les grains, les tourteaux qu'il faut choisir en tenant compte des prix relatifs. Il est nécessaire de montrer le système qui, avec le moins, produit le plus ; c'est la base même de l'agriculture, de toute industrie bien entendue, des œuvres capables de donner des résultats positifs et intéressants.

Il importe de connaître le prix de revient du kilogramme de viande engraissée et de savoir si le lauréat, dépouillé de sa prime, aurait retiré des animaux exposés une légitime rémunération de ses déboursés et de sa peine.

Une pareille démonstration est indispensable; sans elle, il n'y a que confusion sur les principes et doute sur les résultats. Vous ne tenterez pas la légion des propriétaires sérieux avec des doctrines confuses; vous effraierez et ne grouperez pas d'adhérents. Ce qu'il faut, ce sont des données exactes; les expériences agricoles profitables doivent avoir les mathématiques pour base.

Ce sont les théories qui éloignent les agriculteurs des découvertes scientifiques. Il faut des démonstrations simples, palpables, pour que les timides ou les routiniers se rendent à l'évidence. *Des faits et des chiffres*, telle est la devise à prendre et à suivre.

Tant qu'on ne pourra pas dire hautement et d'une façon positive : Voici cinq, six, dix animaux pris dans telle condition, nourris par tel et tel procédé et donnant tel et tel résultat, on aura beau multiplier les concours, faire grand bruit autour des noms cités sur les listes, vanter un produit splendide, une monstruosité de graisse, les récompenses retentissantes seront sans effet pour la partie sérieuse des agriculteurs, celle avec laquelle il faut compter, et on ne fera, en somme, qu'une suite d'œuvres stériles et décourageantes.

C'est à l'Angleterre que nous avons emprunté l'institution des Concours d'animaux gras; mais ce qui a sa raison d'être en Angleterre ne l'a pas au même point de vue en France. La race bovine n'est pas employée en Angleterre pour les travaux agricoles. C'est le cheval qu'on utilise. On a donc eu raison de chercher à former des types d'animaux aptes à l'engraissement rapide et propres à être livrés promptement à l'alimentation publique. Il est vrai qu'on est arrivé à l'exagération en poussant outre mesure le degré de cet engraissement. Il en résulte que la viande est devenue de qualité moins fine et qu'elle est moins nutritive. On peut dire, sans exagération, qu'un kilogramme de viande de nos bons bœufs limousins convenablement engraissés, supérieure en goût, équivaut à plus d'un kilogramme et demi de bœuf anglais, au point de vue de la nutrition.

En France, on le sait, les travaux agricoles se font, pour la plupart, et notamment dans les Charentes, à l'aide des bœufs. Aujourd'hui plus que jamais nous avons besoin de ces puissants auxiliaires, en raison des défrichements considérables que l'extraction des vignes phylloxérées nécessite. La partie est de la Charente, ainsi que la partie ouest de la Haute-Vienne, possèdent une race de bœufs, dite Limouzine, laquelle produit des sujets merveilleux au double point de vue du travail et de la qualité de la viande. Ces animaux naissent dans la région sus-indiquée; à un an ou dix-huit mois, ils sont amenés dans les Charentes et employés, pendant une période assez longue, aux travaux agricoles; ils atteignent ainsi un développement qu'ils ne sauraient acquérir dans leur propre pays. Ils retournent, du reste, pour la plupart, à leurs primitives étables, où ils sont livrés à l'engraissement.

L'agriculture, dans les Charentes, devant être complètement transformée, momentanément du moins, il faudrait apprendre au public à tirer le meilleur parti possible de tous les animaux de la ferme et arriver, s'il se peut, à créer une école d'engraissement. On atteindrait ainsi un but désirable ; des éléments pratiques pourraient être fournis à ceux qui voudraient tirer parti des données de la science et des expériences révélées par les propriétaires progressistes.

En résumé, apprenons à engraisser les animaux qui nous sont indispensables pour nos travaux agricoles. Après avoir obtenu des fourrages de toute nature, des racines variées, préparé enfin l'alimentation, nous pourrons faire des essais sur des animaux de races spéciales.

Mais n'anticipons pas, au risque de tout compromettre.

Ce sont, du reste, les idées émises par MM. Isidore, Pierre et Eugène Gayot.

J'ai parlé, à la séance du 15 mai, de l'élevage des porcelets, et j'ai pris la liberté de signaler mes propres expériences.

Je choisis ordinairement les sujets à deux mois et je les revends à cinq. Leur nourriture, pendant ce laps de temps, est en moyenne de 250 grammes de farine d'arachide par tête et par jour. On fait cuire cette farine, selon les saisons, avec des choux, des pommes de terre, des betteraves ou des topinambours. Cette bouillie est donnée chaude et mélangée avec les déchets de ma laiterie. La pratique m'a appris que 250 grammes de farine d'arachide, coûtant cinq centimes, me produisaient autant d'effet que 750 grammes de son de blé, d'un coût de quinze centimes.

Je n'ai pu trouver encore le moyen économique d'engraisser le porc. Si j'ai un résultat satisfaisant pour les porcelets, je constate un déficit lorsque, après six ou huit mois, je veux les amener à un engraissement complet. Je trouve profit à acheter les porcs sur le marché pour les besoins du ménage. Cette question offre un grand intérêt, la solution en serait des plus efficaces, et la plupart des propriétaires doivent désirer ardemment qu'elle soit résolue.

L'année dernière, la récolte a été mauvaise, le foin a valu 140 fr. les mille kilogrammes. Avec 1,200 fr. de farine d'arachide, de la paille et des racines récoltées sur ma propriété, j'ai pu suppléer aux cinquante mille kilog. de foin qui me manquaient et représentant une valeur de 7,000 fr. au moins. Mes quarante-sept têtes de gros bétail ont été parfaitement nourries et sont arrivées au printemps en très bon état, fournissant un fumier d'autant meilleur que la nourriture se composait, par jour et par animal, d'un kilogramme de farine d'arachide, substance très riche en azote et en acide phosphorique. Voilà des résultats certains ; je les signale avec plaisir, espérant qu'ils pourront amener d'heureuses conséquences.

En terminant ce long aperçu des opinions et des faits que j'ai émis à la séance du 15 mai, j'appellerai l'attention de la Société sur les travaux purement agricoles qu'elle semble trop négliger. Elle pourrait aisément reconnaître et enseigner qu'avec les engrais chimiques judicieusement appliqués et les instruments aratoires perfectionnés, on pourrait obtenir des résultats considérables. Il est bien entendu que les instruments aratoires perfectionnés serviraient à la grande culture. Quant aux engrais chimiques, ils augmenteraient dans des proportions incroyables les produits de notre sol, si les petits propriétaires, cultivant eux-mêmes, arrivaient à en faire un emploi intelligent et soutenu. Les résultats seraient tels qu'on arriverait à défier toute concurrence étrangère.

On peut se rendre compte *de visu* de ce que j'avance. Je montrerai aux incrédules ou à ceux que cela intéresse par quelque côté comment, avec une propriété de 40 hectares environ, j'ai pu arriver à *des résultats vraiment inouis*, comme les qualifiait un honorable membre de la Société, à cette même séance du 15 mai, et cela après avoir visité ma propriété *des Gueris*.

Ainsi, on pourrait voir des prairies naturelles produisant 9,000 kilog.; des luzernières, 11 à 12,000 kilog.; des vesces, 6 à 7,600 kilog., en fourrage sec; des blés fournissant de 30 à 40 hectol.; des avoines, de 50 à 55 hectol.; des épeautres, de 60 à 65 hectol.; des pommes de terre, de 290 à 300 hectol.; des betteraves, 66,000 kilog., le tout à l'hectare. Ces terres, par la rotation des cultures, sont débarrassées complètement des plantes parasites.

Soyons de notre temps, profitons des travaux des Dombasle, des Boussingault, des Georges Ville et de tant d'autres qu'il est inutile de citer; profitons également des inventions américaines, de ces instruments vraiment merveilleux qu'il faut répandre au lieu de prohiber par des droits excessifs. Apprenons à nous en servir comme on s'en sert aux Etats-Unis; nous pourrons ensuite demander au gouvernement de conclure des traités de commerce internationaux avec des tarifs douaniers aussi réduits que possible, sur la base d'une légitime réciprocité. Laissons de côté les doctrines surannées des Pouyer-Quertier, des Estencelin et de tous ceux qui ne semblent pas imbus d'un véritable patriotisme.

Une grande part doit être faite aux aspirations nouvelles, aux progrès acquis et à la voie dans laquelle l'esprit moderne semble pousser les Sociétés. On arriverait, sans porter aucun préjudice aux agriculteurs, en leur montrant au contraire un but souhaitable, en agrandissant leurs vues particulières et restreintes, à rendre un service immense à la France et à établir sa prospérité sur des assises consolidées par des expériences pratiques et, par cela même, inébranlables.

Veuillez agréer, Messieurs, l'expression de mes sentiments très respectueux.

Edmond BOUTELLEAU.

Nota. — Depuis l'époque où cette lettre a été écrite, par suite de la transformation de mes cultures et de croisements bien combinés, j'ai trouvé avantage à avoir des truies mères, à élever leurs portées et à engraisser les sujets jusqu'à 10 ou 12 mois: je les livre alors à la boucherie.

LA PROSPÉRITÉ SANS LES VIGNES

1881

Il y a dix ans, lorsqu'à pareille époque on parcourait notre pays des Charentes, on voyait des vignobles luxuriants en pleine période de production. C'était la richesse et la gloire de notre contrée.

Aujourd'hui, le décor est bien changé : aux plaines et aux coteaux couverts de pampres a succédé une mise en scène dénudée; partout les plantations magnifiques ont disparu ou se meurent.

Chacun connaît la cause de cette transformation, le nom du fléau est dans tous les esprits : le *Phylloxéra* est devenu l'épouvantail sinistre et inattaquable de notre contrée.

La valeur de la terre a diminué d'au moins de moitié, partout s'étend le découragement le plus profond, et il semble le mieux justifié. C'est à ce moment de crise, qu'on est heureux de pouvoir dire aux populations agricoles qui envisagent l'avenir avec épouvante : — « Tout n'est pas perdu. Si on ne peut lutter » corps à corps avec le mal qui dévaste nos vignobles, on peut, du moins, para· » lyser les conséquences de ces ravages et conjurer la ruine. »

Cette parole consolante, je puis la faire entendre aujourd'hui, et ce n'est pas une simple formule d'encouragement. C'est d'après les données de l'expérience que j'écris et que je peux indiquer les voies profitables à suivre.

Notre pays n'est pas un des moins routiniers de France. Les hommes de ma génération pourraient attester qu'il a fallu à mon père, vice-président et président du Comice de notre arrondissement, près de trente années pour vulgariser l'emploi des charrues modernes, qui se trouvent maintenant dans toutes les mains.

Vous avez pu voir, par notre concours de labourage, que la science, cependant, marche toujours. Ne vous ai-je pas montré un homme conduisant seul une charrue *Brabant* attelée de 2, 4 ou 6 chevaux, selon la nature du sol et le labour plus ou moins profond à obtenir? Reportons-nous à trente années en arrière et voyons ce que serait notre situation si, en présence de ces immensités de terrains à défricher, nous n'avions à notre disposition que l'ancienne et imparfaite charrue. C'est alors que le découragement absolu serait permis et que je ne saurais quelles espérances offrir.

Heureusement, il n'en est pas ainsi. Grâce à M. Dombasle, dont le nom doit être non seulement dans la mémoire, mais dans le cœur de tous, grâce aux efforts de ceux qui ont perfectionné son œuvre, les défrichements et les labourages de toutes sortes sont aujourd'hui à la portée des agriculteurs de diverses classes. On dira qu'il ne suffit pas de labourer la terre pour obtenir de belles récoltes, qu'il faut des fumiers. Comment s'en procurer? Ce raisonnement est juste, la terre ne donnant qu'en raison de ce qu'on lui avance.

Je répondrai que la science a fait pour les engrais ce qu'elle a fait pour les instruments aratoires. En effet, grâce à ses admirables découvertes, elle nous permet d'obtenir, sous un petit volume, à des prix relativement bas, tous les principes contenus dans les meilleurs fumiers d'étable. Je puis affirmer que, partout où les fumiers d'étable donnent de bons résultats, les engrais chimiques, judicieusement employés, produisent les mêmes effets et au delà. Chacun sait la grande sécheresse de l'été et, par suite, la pauvreté des récoltes. Cependant, malgré les influences néfastes d'une température presque implacable, on a pu voir, par l'exposition de mes différents produits (concours de Barbezieux), les résultats étonnants que j'ai obtenus. Ces résultats, je le dis hautement, sont dus, comme point de départ, aux engrais chimiques.

Il n'y a pas longtemps que je ne possédais que 25 têtes de gros bétail; aujourd'hui, j'en ai 50, et mon domaine n'a que 40 hectares. Si, dans ces deux dernières années, j'ai été obligé d'acheter quelques milliers de foin et une centaine d'hectolitres d'avoine, cela a été dû à la disette des fourrages et à ce que j'avais à mettre en bonne exploitation 12 hectares occupés jusqu'en 1880 par un vignoble.

Je puis dire, en présence de l'expérience acquise, que, dès l'année prochaine ou dans deux ans, il me restera un excédent considérable de fourrage.

La grande objection est celle-ci :

« Avec des capitaux, on obtient une quantité considérable de fumier; il n'est pas surprenant, alors, que les récoltes soient belles. »

Cela est vrai quant au fumier; mais comment ai-je pu doubler le nombre de mes animaux, introduire dans le pays cette magnifique race de vaches normandes qui, au dire de certains agriculteurs, ne devait pas réussir au milieu de nous? C'est par l'emploi des engrais chimiques, et non par des moyens financiers.

Bien qu'il soit toujours délicat de se mettre en avant, il faut faire taire de légitimes scrupules lorsque les expériences personnelles peuvent être utiles et profiter à ceux qui n'ont pas pris les devants dans l'application des méthodes scientifiques. Je citerai donc des exemples puisés autour de moi et qui seront, par cela même, vivants et irréfutables.

Chacun peut voir, sur la route de Barbezieux à Jarnac, à la porte de la ville, une maison d'apparence modeste et nouvellement construite; celui qui l'habite a nom MERRIT, et je le cite pour bien montrer qu'il n'y a aucune légende dans mon récit. Cet homme a acheté, il y a cinq ans, un champ contenant environ 4 hectares; le terrain était inculte et stérile; on peut s'en convaincre, puisque la moitié est encore en friches.

Cet homme est travailleur et économe; il ne croyait pas tout d'abord que le phylloxéra pouvait devenir son ennemi, et il espérait, comme tant d'autres, que la vigne lui donnerait une fortune. Cependant, il a bientôt vu sa méprise, et c'est alors qu'en m'entretenant avec lui, j'ai eu la pensée de lui venir en aide et d'expérimenter, dans un milieu connu de tous, offrant par lui-même peu de ressources, l'efficacité des engrais chimiques.

Le chantier, je l'ai dit, se trouvait ingrat avec une terre sans ressource apparente. Le pauvre homme n'avait pas de bétail pour transformer, pas d'argent: il était exposé à une ruine complète et inévitable. C'est dans ces conditions que je lui ai fait défricher 52 ares de ce mauvais terrain. Une fois ce champ bien labouré, j'ai mis du sainfoin au mois de septembre. Le sainfoin a produit 6 milliers de fourrage au journal, 9,000 kilogrammes à l'hectare, 4,500 kilogrammes pour 52 ares, soit la somme de 360 fr. pour un engrais qui avait coûté 77 fr. Je ne compte pas la seconde coupe de sainfoin qui, outre la récolte, a donné la graine qui permettait de continuer les ensemencements. Ce sainfoin a été levé, et, cette année, le blé qui l'a remplacé a été magnifique. Ce petit domaine peut nourrir aujourd'hui deux vaches; si on opère sagement, avant deux ans il en pourra nourrir quatre ou cinq. Ce fait est indéniable, tout le monde a pu ou peut le constater; je le cite comme le meilleur des encouragements. Le plus petit propriétaire qui lira ce rapport peut en prendre soigneusement note et en méditer la portée.

Je tiens maintenant à parler de mes propres résultats. Je les divise en deux catégories : la première comprend les terres cultivées depuis longtemps, la seconde les terres nouvellement défrichées. Dans la première, je classe les prairies naturelles dont le produit est de 7,000 à 7,500 kilog.

Fourrages secs . . . . { Luzerne, 12,000 kilog. à l'hectare.
{ Vesces, 7,000 — —

Les prairies naturelles avaient reçu 500 kilog. de chaux et 900 kilog. d'engrais, représentant une somme de 126 fr. à l'hectare ; la luzerne 900 kil., représentant 135 fr.

J'ai cultivé deux espèces de blé : le blé rouget, ou blé pagnau, a produit 24 hectol. 50 litres à l'hectare, soit 24 hectol. 50 litres pour un hectolitre de semence, et 4,000 kilog. de paille ; le blé blanc, dit de Bordeaux, a produit 41 hectol. 50 litres et 3,000 kilog. de paille. C'est donc une moyenne, à quantité de terrain égale, de 33 hectol. à l'hectare et de 3,700 kilog. de paille. Si on donne une valeur moyenne au blé de 24 fr. à l'hectolitre et de 50 fr. par 1,000 kilog. de paille, on arrive à un total moyen de 977 fr. à l'hectare.

Ces blés succédaient à une récolte de plantes sarclées et fumées avec engrais d'étable. J'avais seulement répandu, au moment de l'ensemencement et par hectare, 300 kilog. d'engrais, d'une valeur de 45 fr.

Le produit des avoines a été de 40 hectol. à l'hectare ; la sécheresse anormale a nui au grain, mais la paille est magnifique ; j'en ai obtenu 3,000 kilog. En 1879, l'avoine avait produit 68 hectol. à l'hectare ; la baillarge, 62 hectol.; maïs-fourrage, 48,000 kilog. Je dois dire que les maïs-fourrages et le sarrazin, en récolte dérobée, ont manqué complètement; par suite de la chaleur excessive, la semence ne s'est pas développée. Le maïs à grainer a seul réussi; il atteint les proportions que vous avez pu constater par l'exposition que j'en ai faite. Les pommes de terre, qui ont produit, l'année dernière, 295 hectolitres à l'hectare, ont donné, cette année, 80 hectolitres. Les betteraves, l'année dernière, ont rapporté 60,000 kilog.; les maïs-fourrages, 66,000 kilog.; cette année, grâce aux dernières pluies, le rendement est à peu près le même pour les betteraves.

Je touche maintenant à un point qui concerne la généralité des agriculteurs, puisque tous se trouvent en présence de vignobles mortellement atteints et sans avoir à leur disposition les fumiers d'absolue nécessité pour obtenir une production quelconque qui compense, le plus possible, les revenus absents fournis naguère par les vins.

Avant la présence du phylloxéra, reconnaissant que la situation topographique de ma propriété ne comportait pas la culture de la vigne, j'ai fait arracher les plus vieilles plantations. Après avoir bien labouré le sol, j'ai ensemencé certaines parties en luzerne, d'autres en sainfoin. La récolte, avec une dépense de 145 à 150 fr. d'engrais par hectare, n'a jamais été inférieure à 7,000 kilog. de fourrage sec. J'ai vendangé pour la dernière fois, en 1879, une vigne contenant 5 hectares. La terre a été parfaitement labourée ; jamais ce champ n'avait reçu d'engrais d'étable, conséquemment il n'aurait pas plus produit que ceux de mes voisins, c'est-à-dire une récolte nulle. Au mois de septembre 1880, j'ai ensemencé ce même champ de baillarge ; j'y mis 600 kilog. d'engrais phosphaté, représentant une valeur de 95 fr. à l'hectare. Au mois d'avril, je m'aperçus que la plante était souffreteuse, manquant d'azote, et, pour y remédier, je fis répandre, sur 2 hectares, 100 kilog. nitrate de soude à l'hectare, coûtant 50 francs. A la récolte, le rendement fut, en grain, de 40 hectolitres, et, en paille, de 3,000 kilog.

Dans le second lot, qui n'avait reçu que 600 kilog. d'engrais, quantité insuffisante, le rendement a été de 20 hectolitres en grain, en paille 2,000 kilog. Il résulte de ce qui précède que le premier lot a donné :

En grain, 40 hectol., à 13 fr		Fr.	520	»
En paille, 3,000 kilog., à 50 fr			150	»
	TOTAL	Fr.	670	»
Prix de l'engrais à déduire			150	»
	PRODUIT NET	Fr.	520	»
Et le 2e LOT. — En grain, 20 hect., à 13 fr		Fr.	260	»
En paille, 2,000 kilog., à 50 fr			100	»
	TOTAL	Fr.	360	»
Prix de l'engrais à déduire			95	»
	PRODUIT NET	Fr.	265	»

Les faits que je viens de citer peuvent avoir eu pour témoins beaucoup de mes lecteurs. Ma propriété est un livre ouvert à tous, aucun feuillet n'en est fermé, et la constatation en est facile.

Toutes mes cultures sont faites à l'aide de machines agricoles.

Ma conviction, basée sur une pratique de plus de dix ans, est que la petite culture *peut* et *doit* employer les engrais chimiques, et la grande culture y ajouter les machines, qui économisent la main-d'œuvre dans de larges proportions : la prospérité future du pays est là.

L'emploi des engrais chimiques embarrassera beaucoup d'entre vous. Il en est qui l'ont tenté et qui n'ont obtenu que des résultats négatifs. C'est qu'en aucune branche de commerce la fraude n'a été plus grande. Il faut savoir choisir aussi la nature de l'engrais qui convient à chaque plante et au sol qu'on veut cultiver. C'est une étude préalable qui n'offre pas de sérieuses difficultés. Avec les laboratoires qui se multiplient (il est permis d'espérer que nous en aurons un bientôt dans la Charente), on peut arriver, à l'aide des données de la science, à connaître la valeur réelle de l'engrais comme celle de l'or ou de l'argent. Il existe, du reste, des manufactures fort honorables pour la fabrication des engrais. Je n'ai aucun intérêt à recommander telle ou telle maison, mais je regarde cependant comme un devoir de dire que, depuis dix ans, je n'ai eu qu'à me louer des engrais chimiques fournis par la maison JOULIE, de Bordeaux, qui offre l'avantage d'être à notre proximité. M. Joulie est l'ancien collaborateur de M. Georges Ville; il m'a rendu les plus grands services par ses conseils éclairés, et je suis heureux de lui rendre publiquement hommage. Il a su, par un grand nombre de petits ouvrages pratiques, mettre à la portée de tous le moyen judicieux d'employer les engrais. Il faut varier ces engrais suivant la nature du sol et des plantes. La luzerne, le sainfoin, en un mot toutes les plantes légumineuses s'accommodent d'un engrais de 15 fr. sans azote, tandis que le blé et les autres céréales ont besoin d'un engrais coté 32 fr. les 100 kilog. avec azote.

La plus sage méthode est, je crois, celle que j'ai employée et que je ne saurais trop recommander; elle consiste à procéder lentement, par expériences comparées et soigneusement faites.

Il y a dix ans, j'ai pris un champ d'une contenance de 40 ares; je l'ai divisé en quatre parcelles de 10 ares ensemencées de blé. La première n'a reçu aucun engrais, elle devait me servir de témoin; la seconde a reçu un engrais de 32 fr.; la troisième, un engrais de 26 fr.; la quatrième, un engrais de 15 fr., destiné, non aux céréales, mais aux légumineuses.

Au moment de la récolte, le produit de chaque lot a été mis à part et dépiqueté.

Le premier lot a fourni un hectolitre de blé, 110 kilog. de paille. Le sol, vous le voyez, n'était pas riche; il n'aurait que trois boisseaux et demi au journal ou dix hectolitres à l'hectare.

RENDEMENT

1er LOT :
1 hectol. de blé, à 23 fr . . . . . . Fr. 23 »
110 kilog. paille, à 50 fr. les 1,000 kil. .   5 50

Fr. 28 50

2e LOT :
3 hectol. de blé, à 23 fr . . . . . . Fr. 69 »
370 kilog. de paille, à 50 fr 18 50

Fr. 87 50
A déduire produit du 1er lot . . 28 50 ⎫
—   prix de l'engrais. . . 32 » ⎬ 60 50

BÉNÉFICE NET. . . Fr. 27 »

Soit un déboursé de 32 fr. produisant 27 fr. net; c'est un fait qui vaut le meilleur argument.

3e LOT :
2 hectol. 75 de blé, à 23 fr. . . . Fr. 63 25
300 kilog. de paille, à 50 fr . . . . . . 15 »

Fr. 78 25
A déduire produit du 1er lot . . 28 50 ⎫
—   prix de l'engrais. . . 23 » ⎬ 51 50

BÉNÉFICE NET. . . Fr. 26 75

Le produit de ce lot a été moins fort que le précédent, parce que l'engrais contenait moins d'azote. Le quatrième lot, ayant reçu un engrais pour légumineuses, n'a pas produit plus que le premier ; seulement l'engrais n'a pas été perdu, comme vous le verrez plus loin.

Ce même champ a été ensemencé l'année suivante en sainfoin, sans engrais. Le premier lot a produit une récolte si pauvre, que je n'ai pas pu établir un terme de comparaison ; il m'a été impossible de le faucher.

Le second lot a donné 600 kilog. fourrage sec, soit 6,000 kilog. à l'hectare.

Le troisième lot a donné 507 kilog. ou 5,000 à l'hectare.

Le quatrième — 907 9,000 —

L'engrais, vous le voyez, ne s'était pas perdu.

Ce sont les expériences sérieuses que je recommande. J'ai commencé par acheter pour 100 fr. d'engrais par an, et je suis arrivé successivement à en acheter pour 2,500 fr. Aujourd'hui, il m'en faudra pour 500 ou 600 fr., le sol se trouvant enrichi et les fumiers d'étable devenant très largement suffisants.

J'ai entendu beaucoup de gens dire : « Les engrais produisent de bons résultats, mais ils coûtent trop cher. » Cela vient de ce que ces gens-là se bornent à regarder leur récolte ; ils la trouvent plus belle, sans doute, mais ils se rappellent surtout l'argent qu'ils ont déboursé. Il ne s'agit pas de s'en rapporter à un coup d'œil approximatif et de faire des retours amers sur les dépenses faites, il faut peser la récolte obtenue, se rendre un compte exact des sommes fournies à la terre et des revenus offerts par elle. Si on fait ce calcul avec soin, je l'affirme avec des chiffres à l'appui, *aucun placement d'argent ne peut être aussi avantageux*. La terre n'est pas ingrate ; elle ne nous décevra pas ; ce qu'on lui donne en fumure, elle le rendra en productions de toutes sortes, largement rémunératrices. Je voudrais qu'on fût bien convaincu de ces vérités, qui, tout élémentaires et évidentes qu'elles sont, rencontrent cependant des esprits craintifs ou récalcitrants, des oppositions indignes du bon sens et de la plus petite clairvoyance.

Beaucoup de personnes prétendent que notre terre est fatiguée par les vignobles disparus, qu'il faut la régénérer ; j'offre le moyen pratique de le faire. Si on suit mes indications, on la retrouvera toute prête, cette terre, toute fraîche pour le retour des anciennes cultures ou la plantation des cépages américains comme porte-greffe. Je trace la voie qui doit conduire à ce moment désiré de fécondité nouvelle, et je dis : Obtenez beaucoup de fourrages, beaucoup de bétail, et, par suite, beaucoup de fumier, pour rendre votre sol grandement productif. Les récoltes de toutes sortes qui remplaceront les vignobles ne donneront pas beaucoup au-dessous de ce que ces vignobles rapportaient, si la culture est intelligente et soutenue. C'est une transformation momentanée et qui peut devenir désastreuse ou offrir des compensations sans limites. Pour atteindre ce résultat, un point essentiel à observer parmi tous les autres : faites des labours profonds ; arrivez graduellement à augmenter la couche de votre terre végétale. La beauté des récoltes que j'ai obtenue est en partie due, cette année, surtout à la profondeur de mes labours, qui ont pu maintenir une humidité favorable aux plantes.

La question de culture ne préoccupe pas seulement les agriculteurs sérieux ; il y a d'autres questions graves qui s'y rattachent. Je veux parler de la concurrence étrangère, si redoutée et présentée comme un épouvantail par des esprits craintifs ou aux vues étroites. Quelques considérations sur les traités de commerce internationaux ne seront pas déplacées à la suite des examens que nous venons de faire, des problèmes que j'ai soulevés et qu'il appartient aux propriétaires sérieux de résoudre. L'agriculture et le commerce s'enchaînent, l'un produit et l'autre écoule ; ce sont deux puissances sœurs qui font la fortune publique et dont les directions doivent être prudemment tracées.

Il faut rendre justice à qui elle est due, et quels que soient les gouvernants tombés, ne pas craindre de dire hautement les progrès qu'ils ont introduits.

Les agriculteurs, vivant dans une atmosphère de paix, échappent aux ardeurs passionnées de la politique et peuvent, par cela même, juger avec impartialité. Il faut donc rendre hommage au gouvernement précédent, qui a mis à la disposition de M. Georges Ville les terrains de Vincennes, lesquels ont servi d'assises aux expériences sur les engrais chimiques, dont les conséquences ont abouti aux résultats que j'ai signalés. Il ne faut pas oublier non plus la création des Concours régionaux et l'appui donné aux traités de commerce de 1860, conclus sur des bases relativement libérales.

Les efforts d'un des hommes les plus illustres dont puisse s'honorer la France, M. de Lesseps, ont été aussi encouragés et soutenus.

Plût à Dieu que ce gouvernement fût toujours resté imbu de ces sentiments pacifiques et humanitaires ; nous n'aurions pas à déplorer les désastres sans nom et sans cause qui ont fondu sur notre pays et qu'aucun Français ne peut oublier... Mais passons. Aujourd'hui, la patrie se gouverne elle-même ; chacun a le droit et le devoir de faire entendre sa voix, surtout pour ce qui tend au bien général. C'est une justice à rendre au gouvernement républicain que ses plus grandes préoccupations tournent vers les travaux publics. Chacun doit se rappeler le passage aux affaires de M. de Freycinet — M. Tirard, ministre de l'agriculture et du commerce, citait tout récemment, à Honfleur, le magnifique programme de ce progressiste ; il consistait à multiplier les voies ferrées, les routes, les canaux, nos ports maritimes, tout ce qui contribue à la prospérité publique.

M. de Lesseps n'est-il pas encore occupé à des travaux étonnants qui rendent voisins des pays jusque-là divisés par des frontières qui semblaient infranchissables ? Les nations ne cherchent-elles pas, par tous les moyens possibles, à ouvrir des voies de communications nouvelles, à diminuer les prix de transport, à se mêler les unes aux autres pour en arriver, non seulement à une fraternité de sentiments, mais à un mutuel avantage économique en confondant leurs besoins et les moyens de les satisfaire ? Nous avons, comme agriculteurs, à demander au gouvernement une réduction de droits de mutation et d'enregistrement, des tarifs de chemins de fer aussi bas que possible pour les denrées agricoles qui payent plus cher en France que dans beaucoup de pays étrangers ; une diminution d'impôts sur la propriété foncière agricole, qui a un droit de 42 0/0 sur son revenu, alors que la propriété foncière urbaine en a un seulement de 11 1/2 0/0.

Les Concours régionaux dont nous avons parlé pourraient rendre les plus grands services à l'agriculture, mais pour cela il faudrait que les rapports des commissions fussent imprimés in extenso et publiés dans l'année où le Concours a eu lieu. Des exemplaires, en outre, devraient être remis aux Comices de la région et aux concurrents.

N'est-il pas étrange qu'en 1881 nous ne connaissions pas encore, dans la Charente, les rapports qui ont été faits au Concours régional de 1877 : les récompenses ont été accordées, même pour les prix culturaux, sur un rapport de quelques mots. Tel concurrent ne sait pas pourquoi il l'a emporté sur tel autre. Je disais, dans le *Journal de l'Agriculture pratique*, 20 septembre 1877, à propos des Concours régionaux :

« Les lauréats eux-mêmes ne connaissent pas en quoi leur mode de culture » diffère de celui des autres ; le public le sait moins encore. Si on s'adresse à l'ins- » pecteur général, président de la Commission du Concours, et même au rapporteur, » pour avoir des explications, ces messieurs se renferment dans un mutisme complet. » Le public et les candidats ne peuvent donc rien apprendre par ces Concours. Le « verdict du jury ressemble à celui d'un tribunal qui prononcerait sans motiver sa » sentence. Un verdict aussi énigmatique reste forcément sans effet et n'engendre » que l'étonnement et l'inquiétude dans les ténèbres. »

Au mois de juin dernier, j'ai eu l'honneur d'écrire à Monsieur le Ministre de l'agriculture pour le prier de m'envoyer le rapport général. Le 27 juin 1881, M. le Ministre me répondit : « J'ai l'honneur de vous faire savoir que le volume qui fait l'objet de votre demande n'est pas encore imprimé. »

On se demande quels enseignements on peut retirer de documents qui ne paraissent que cinq ou six ans après le Concours. Prions donc M. le Ministre de l'agriculture et du commerce, dont le dévouement mérite les plus grands éloges, de prendre les mesures nécessaires pour faire cesser, au plus vite, un état de choses déplorable pour les intérêts agricoles, et qui remonte à la création des Concours. C'est un arriéré qu'il est urgent de combler. Nous avons la conviction que M. le Ministre comprendra toute la gravité d'un délai si inexplicable et si prolongé, et que notre supplique sera entendue. Les raisons qui existaient sous un autre régime pour faire traîner ces publications en longueur ne peuvent plus être invoquées aujourd'hui.

Toutes ces questions sont de nature à appeler l'attention de nos députés. L'esprit se trouve confondu, lorsqu'on voit des hommes qui, comme M. Estancelin, viennent, dans un but plus politique qu'agricole, et dans un journal tel que la *Ligue de l'Agriculture*, propager dans les campagnes les idées les plus surannées et les plus funestes à l'agriculture.

Il y a, au sujet du ministre, un persiflage de mauvais aloi qui repose sur des allégations fausses, et qu'un mot suffirait à détruire. On voit par là le parti pris et le peu de foi de ces attaques attristantes.

J'ai entendu, à Paris, il y a peu de temps, à la Société des Agriculteurs de France, un certain nombre de mes collègues applaudir aux paroles de M. Pouyer-Quertier, grand partisan, comme M. Estancelin, des tarifs élevés, sinon prohibitifs.

J'ai de bonnes raisons de croire, cependant, que M. Pouyer-Quertier n'a pas trop à se plaindre des tarifs de 1860, puisqu'il représente dans l'industrie une des grandes fortunes de France.

En homme qui connaît la valeur de l'argent, n'a-t-il pas fondé une Compagnie pour relier l'Amérique à la France par un câble télégraphique ? Le tarif est 0 fr. 60 par mot, contre 2 fr. 50 (taux du câble anglais). Cela équivaut bien, il me semble, à une réduction de tarifs sur les marchandises.

Avec les protectionnistes, les immenses travaux dont nous venons de parler deviendraient inutiles. Où en serions-nous si nos produits agricoles, de même que les produits industriels, ne trouvaient de consommateurs qu'en France? Ce serait nous reporter en arrière, presque en plein moyen âge.

Un fait qui montre les résultats des tarifs exagérés

Avant la guerre de sécession, en Amérique, nos exportations en eaux-de-vie étaient, pour les deux Charentes, de 70,000 futailles par an. Après la guerre, les États-Unis crurent bien faire en portant des tarifs prohibitifs sur nos produits. Nos exportations sont tombées à 7,000 futailles par an. Cela a été un malheur des plus funestes pour nos deux départements, c'est-à-dire la perte de plusieurs millions.

Vous savez quelle stagnation a régné sur nos marchés pendant une quinzaine d'années. C'est à ce point que nous en serions venus à la ruine même sans l'apparition du phylloxéra. Voilà où on en arrive avec l'exagération des tarifs.

Tout s'enchaîne dans le système économique. Est-ce que le salaire de l'ouvrier ne doit pas être en rapport avec les besoins de la vie? Plus l'ouvrier paiera cher ses vêtements et les choses nécessaires à la vie, plus la rétribution qu'il reçoit devra être augmentée; c'est une proportion logique et qui tombe sous le sens.

Un autre point m'attriste : c'est lorsque je vois des Sociétés venir faire le drainage de l'or de la France pour le porter à l'étranger en promettant monts et merveilles. Ce qui m'afflige aussi, c'est de voir ces Sociétés patronnées par des illustrations agricoles de la France. Cela ne ressemble-t-il pas à cette Compagnie qui, il y a une trentaine d'années, enlevait des sommes considérables à la France pour des placements hypothécaires sur des terrains en Californie?

Cette affaire, pendant les premières années, a donné 30 à 40 0/0 aux sociétaires, pour arriver à ne produire absolument rien et à entraîner la perte même du capital et la ruine de certains actionnaires trop crédules.

Je crois, comme simple agriculteur, qu'avec les données de la science agricole, de la mécanique appliquée à l'agriculture, la fertilité du sol de la France n'a à redouter aucune concurrence. Je trouverais bien plus patriotique, de la part des savants, de les voir tourner toute leur intelligence, toute leur activité et toutes leurs connaissances vers l'agriculture et les véritables sources de la prospérité nationale. Il ne manque pas encore en France de vastes terrains qui n'attendent que des capitaux et des hommes intelligents qui les utilisent ou les poussent à une production plus grande.

Le rendement moyen en France est entre 12 et 13 hectolitres de blé par hectare; l'expérience me prouve que ce produit pourrait être amené à 20 hectolitres.

Ne suis-je pas arrivé, sur un sol réputé médiocre, à obtenir un rendement dépassant 30 hectolitres et à nourrir une tête et demi de bétail par hectare?

En résumé, je serais libre-échangiste si la chose était pratique; mais je ne regarde pas la suppression des droits de douane plus possible que la radiation des droits d'octroi; seulement je les veux, les uns et les autres, aussi réduits que possible.

Il faut que l'agriculture soit traitée sur le même pied que les autres industries. Il ne peut y avoir aucune branche plus intéressante et dont les intérêts doivent être plus soigneusement sauvegardés dans l'établissement des tarifs.

Je compare les traités de commerce à des échanges de marchandises faits entre une maison française et une maison américaine, c'est-à-dire que, dans l'un et l'autre cas, une juste réciprocité doit exister dans les droits. Si cet esprit d'équité était observé, il donnerait satisfaction aux différentes nations, on ne verrait nulle part une sorte de blocus apparaître, et nos aspirations actuelles ne seraient pas plus froissées que nos intérêts ne seraient lésés.

J'ai parlé longuement de mes expériences personnelles et des conclusions qu'elles m'ont suggérées. Je les soumets en toute sécurité au jugement du public, avec l'espérance qu'elles pourront être profitables. L'exposé que j'ai fait embrasse des questions différentes, mais qui s'enchaînent l'une et l'autre; c'est aux agriculteurs à leur donner leur expansion et leur couronnement.

Ce que je poursuis, au nom des intérêts agricoles qui me sont chers et de la prospérité publique, c'est la mise en œuvre de toutes les découvertes pratiques de la science; ces découvertes, je les ai expérimentées pour la plupart et j'en offre les résultats. Je ne suis cependant qu'un ouvrier perdu dans le grand nombre des travailleurs, et c'est au concours de tous qu'appartient le grand acte de relèvement de l'agriculture. Il faut sortir triomphants de l'impasse où nous nous trouvons, combattre avec des armes nouvelles et nous faire les champions résolus de la cause plaidée par nos sérieuses illustrations scientifiques. Il ne faut pas craindre d'aller de l'avant et d'avoir confiance dans la terre. Que tous apportent leurs expériences personnelles; que les travaux se confondent ainsi que les expériences meilleures, et nous ne nous lamenterons plus sur la destruction de nos vignobles. Une ère différente et féconde se lèvera de nouveau, la prospérité reviendra aux deux Charentes et à tout pays dévasté par un implacable fléau. Sortons triomphants de cette évolution culturale, et que la crise agricole qu'une partie de la France traverse se termine par une victoire due à un travail éclairé !

CULTURE INTENSIVE

FUMIER, ENGRAIS CHIMIQUES, AVORTEMENT ÉPIZOOTIQUE DES VACHES

A Monsieur LECOUTEUX, Rédacteur en chef du *Journal d'Agriculture pratique*

Je lis assidûment votre journal. Je suis de plus en plus convaincu que vos doctrines sont les bonnes et que la culture intensive est la méthode la plus sûre pour obtenir des résultats sérieux. Cette culture entraine la nécessité de nombreux bestiaux pour arriver à produire les quantités de fumier essentielles au sol.

Suivant les conditions de ce sol et les régions où on se trouve placé, il est naturel et indispensable d'étudier quelles espèces d'animaux conviennent le mieux pour arriver, avec le plus d'économie possible, à la plus grande somme d'engrais.

Je trouve, quant à moi, pour des raisons longues et inutiles à énumérer, que les vaches conviennent parfaitement à mon mode d'exploitation. J'en ai la preuve dans les résultats que j'ai obtenus, ayant pu, dans une période relativement courte, porter de 25 à 60 le nombre de têtes de bétail, soit 42 vaches et 18 chevaux de labours et de luxe, et 40 porcs.

Ce bétail trouve sa nourriture fourragère sur une propriété de 42 hectares; le grain seul n'est pas tout à fait suffisant pour les chevaux, mais ma propriété venant de s'agrandir de 10 hectares, ces animaux trouveront leur nourriture complète sur mon domaine.

Voici la production fourragère à laquelle je suis arrivé : 9,000 kilog. (foin et regain), prairies naturelles; 12 à 15,000 kilog. de luzerne selon l'âge; trèfle rouge, 60,000 kilog. en deux coupes, fourrage vert; trèfle incarnat, 43,000 kilog.; vesces d'automne, 35,000 kilog.; maïs-fourrage, 66,000 kilog.; betteraves-fourrage jaunes globe, 74,000 kilog.; carottes, 39,000 kilog.; pommes de terre, 292 à 300 hectolitres; blés, 30, 35 et 43; moyenne, 36 hectolitres.

Si tous ces rendements par hectare sont élevés, cela est dû à la grande quantité de fumier que me fournissent mes nombreux bestiaux, constamment tenus à l'étable. Les vaches ne pacagent dans les prairies naturelles qu'après l'enlèvement des secondes coupes, pendant une période d'un mois et demi à deux mois. J'estime que les vaches fournissent 13 à 14,000 kilog. de fumier par tête.

Je crois, malgré ce qu'en disent certains agriculteurs, qu'il y a une grande perte à mettre les fumiers en couverture; ils produisent beaucoup plus d'effet enfouis dans la terre, soit pour les plantes sarclées, soit pour les fourrages artificiels annuels.

Ceci est le résultat de ma propre expérience.

Les prairies naturelles sont fumées avec le purin, et les luzernes sont exclusivement fumées avec les engrais chimiques, dans lesquels la potasse occupe la plus large part. Les prairies naturelles reçoivent, en outre, en automne, 800 kilos de chaux à l'hectare.

Il résulte de la suppression des fumiers dans les prairies une modification considérable pour mes terres arables. C'est à M. Joulie que je suis redevable des indications qui m'ont amené à opérer ce changement si important pour moi, et je lui en sais un gré infini. Je dois dire, du reste, que tous ses conseils pour mes autres cultures ont toujours réussi.

Dans le principe, les terres recevaient le fumier d'étable tous les cinq ans ; aujourd'hui, je suis arrivé à fumer chaque année la moitié des terres arables avec le fumier d'étable, et j'y cultive betteraves, pommes de terre, maïs, fourrage et à grener, fèves, vesces, etc.; l'année suivante, céréales, pour revenir ensuite aux plantes fumées.

Mes blés arriveront, cette année, sur ce mode de culture, et je serai bien surpris, pour peu que l'année fût favorable, de ne pas obtenir 40 hectolitres au moins.

Ce tableau peut paraître séduisant, peut-être exagéré, mais il est d'une rigoureuse exactitude.

Les chemins de fer rendent aujourd'hui les communications faciles, et je réserve le meilleur accueil aux nombreux propriétaires qui veulent bien venir visiter mes cultures. C'est aux mois de mai et juin que se donne le rendez-vous.

C'est une vraie satisfaction pour moi de montrer des résultats qui sont si bien d'accord avec vos principes et comme l'illustration de vos données.

Mais la plus belle médaille à son revers. Voici le revers :

J'ai grandement à souffrir des avortements épizootiques qui se manifestent parmi mes vaches. La santé des bêtes paraît parfaite, le rendement du lait est de 1,800 litres en moyenne par tête; elles reçoivent une nourriture aussi saine qu'abondante, les écuries sont parfaitement aérées, blanchies annuellement à la chaux, les soins d'entretien et de propreté sont rigoureusement observés. Les nombreux vétérinaires que j'ai consultés trouvent que toutes les conditions d'hygiène sont observées, et ils ne savent à quelle cause attribuer les accidents que je vous signale.

Voici le triste tableau que j'ai à présenter : 1879-80, sur trente vaches, quatorze avortements; 1880-81, sur quarante vaches, dix avortements; 1881-82, quatre avortements; 1882-83, neuf avortements en six semaines; rien ne me dit que le fléau touche à sa fin.

Dès les premiers avortements de cette année, c'est-à-dire vers le 25 juillet, j'ai mis mes vaches, soir et matin, dans les prairies, espérant que le changement d'air pourrait arrêter ces accidents.

J'ai suivi l'hygiène qu'on emploie dans la médecine, quand certains locaux sont infectés de miasmes morbides, rien n'y a fait; les ravages continuent.

Mes vaches sont logées en deux étables distantes l'une de l'autre de 200 mètres, il n'y a aucune communication entre elles. Chose singulière, c'est toujours dans la même étable que le mal commence à se manifester; un ou deux jours après, les mêmes accidents se produisent dans la seconde étable; ils ont lieu du cinquième au huitième mois; quelques veaux mêmes naissent vivants. C'est là un préjudice considérable, car, outre la perte du veau, la vache devient très souvent stérile et réfractaire à l'engraissement.

Je fais appel, par votre intermédiaire, à tous les propriétaires qui, comme moi, ont de grands troupeaux de vaches, et je les prie de me fournir les renseignements qui pourraient m'éclairer sur cette grave question.

Il me serait agréable de savoir si ces accidents me sont particuliers ou s'ils se manifestent également dans d'autres étables et dans une aussi grande proportion.

Je reçois souvent des lettres contenant des demandes sur tel ou tel point agricole, j'y réponds le mieux possible et avec les éclaircissements qui sont de ma compétence; je crois qu'une réciprocité serait désirable et que les agriculteurs, formant une grande famille, devraient s'entr'aider de conseils et de renseignements. C'est en formulant ce vœu que je vous envoie mes témoignages de haute estime et d'entier dévouement.

BOUTELLEAU.

Vice-Président du Comice agricole de Barbezieux (Charente).

Domaine des Gueris, 23 septembre 1883.

CE QUE PEUT PRODUIRE UNE VACHE

EXTRAIT D'UNE ÉTUDE SUR LES ANIMAUX DE FERME

Le rendement moyen d'une vache de 450 à 500 kilog. (poids vivant), nourrie convenablement, doit être de 1,820 à 2,000 litres de lait par an.

Prenant le chiffre le plus bas, 1,820 litres, à 0 fr. 11 ci. . 200 fr. }
Le veau vendu à 15 jours ou trois semaines, comme nourrisson. . 45 } 245 fr.

NOURRITURE :

Cinq milliers de foin, à 30 fr. . . . . 150 fr. }
250 kilog. farine d'arachide, à 0 fr. 20 . . . . 50 } 200 fr.

La nourriture étant payée, il reste donc un bénéfice net de. . . . . . 45 fr.
Une vache, nourrie ainsi, doit produire 14,000 kilog. d'excellent fumier, à 15 fr. les 1,000 kilog., soit. 210

Excédent total. . . . . 255 fr.

Il résulte du compte ci-dessus que toute la valeur de la nourriture de la vache est rentrée dans la poche du propriétaire et qu'il lui reste un bénéfice en argent de. . . . . 45 fr.
Plus en fumier de 210

Soit . . . . 255 fr.

produit qu'il n'aurait pas, s'il avait vendu son fourrage au lieu de le faire consommer chez lui. C'est un résultat considérable que tout le monde comprendra.

Examinons ce que produisent actuellement les vaches dans le pays :

Le premier veau, vendu à la boucherie et pouvant peser 100 kilog., est payé . . . . 100 fr.
Un second veau, nourrisson, en supposant qu'il pèserait le même poids que le premier, ce qui est très exagéré 100

Total. . . . . 200 fr.
A déduire, achat du nourrisson 45

Reste . . . . 155 fr.

contre en regard de 275 fr. — soit un avantage *avec le lait* de 90 fr.; et il est juste d'ajouter que la vache sera bien plus épuisée en nourrissant les veaux qu'en produisant du lait.

Pour qu'un veau augmente en poids d'un kilog. par jour, il faut qu'il absorbe 11 à 12 litres de lait ; la même quantité de lait produit chez un porc 800 grammes par jour, et, pour faire un kilog. de beurre, il faut de 25 à 28 litres de lait.

Le prix moyen des veaux étant de 1 fr. le kilog., il en résulte que les 12 litres de lait se trouveraient vendus 1 fr.

Mais la vente du lait à 0 fr. 11 le litre donnerait, pour les 12 litres, 1 fr. 32, c'est-à-dire 0 fr. 32 de plus, ce qui fait près de fr. 03 par litre.

Si nous passons aux porcs, la différence est encore plus grande, puisque la même quantité de lait n'augmente le poids de l'animal que de 800 grammes.

Et, pour le beurre, le lait ne se trouve pas donner plus de 0 fr. 08 c. par litre.

RÉCOLTES AMÉLIORANTES

Monsieur le Rédacteur du *Journal d'Agriculture*,

Des agronomes, des chimistes distingués, tels que MM. Lawes, Gilbert, Deherin, Schlœsing et bien d'autres, rejettent cette idée que les plantes légumineuses prennent en grande partie leur azote à l'atmosphère et en laissent par contre à la terre. Cela équivaut à dire qu'aucune plante n'améliore le sol, mais que toutes sont épuisantes, en raison de la potasse, de l'acide phosphorique et de l'azote qu'elles absorbent.

Je ne suis pas chimiste, mais simplement agriculteur. Je m'occupe surtout, depuis quinze années, d'amélioration culturale. J'observe, avec le plus vif intérêt et le plus grand soin, les rendements de toutes les plantes que je cultive. Je dois dire, et c'est peut-être téméraire de ma part, que le résultat de mes observations est tout opposé aux doctrines émises par les hommes de science que j'ai cités plus haut.

Mon but, en écrivant ces lignes, est de provoquer les attestations qui profitent à tous et qui s'ajoutent à mes propres expériences.

Mon domaine est de sol calcaire, ce sol de la Charente si favorable à la culture de la vigne avant l'apparition du phylloxéra. Une grande partie de ma propriété était plantée en vignes. Par suite de raisons spéciales, j'avais commencé à arracher les plus vieilles. Le phylloxéra ayant fait son apparition, j'ai dû procéder à l'extraction de toutes. Je me trouvais en présence d'un terrain épuisé et maigre, envahi de chiendent et de plantes parasites. Cela se comprend de reste : ces vignes existaient depuis près d'un siècle et n'avaient jamais reçu d'engrais.

L'extraction de la vigne se fait en mars; je fais donner un énergique labour avec quatre et six chevaux, selon la nature du terrain, et plusieurs autres façons, pendant l'été, à la charrue et à la herse. En septembre, je répands sur le sol 800 à 900 kilog. de superphosphate à 12°, entre les lignes ; je distribue au semoir Garrett, à 0,25 centimètres, de la graine d'avoine ou d'épeautre. Au mois de mars suivant, je mets sur ma céréale 150 kilog. de nitrate de soude; entre les lignes, je sème de la luzerne à 0,25 centimètres, transversalement, du sainfoin, toujours à l'aide du semoir Garrett. Fin juillet ou commencement d'août, je coupe ma céréale, et, en novembre, je répands sur ma prairie 8 à 900 kilog. d'un engrais contenant 14 p. 100 de potasse et 6 p. 100 d'acide phosphorique.

La première année, ma céréale me donne 45 hectolitres environ, et l'été suivant j'obtiens, en trois coupes, de 14 à 15,000 kilog. de fourrage sec. A la première coupe, c'est le sainfoin qui domine et qui augmente considérablement ce rendement; c'est ensuite la luzerne qui prend le dessus.

Les années suivantes, j'obtiens la même quantité de fourrages en employant toujours 900 kilos d'engrais potassique.

Voici donc une terre qui a reçu, une fois pour toutes, 150 kilog. de nitrate de soude, soit 23 kilog. d'azote assimilable absorbés par la céréale. Il ne reste pas d'azote disponible pour la luzerne. Examinons maintenant ce que peut contenir en azote la récolte sus-indiquée.

M. Boussingault dit, si je ne me trompe, que la luzerne en fleur et fanée contient 1 kil. 920 grammes d'azote p. 100, soit pour 14,000 kilog. 268,80 d'azote.

Comme je sais par expérience que mon sol ne contenait pas une quantité d'azote assimilable suffisante, puisque la céréale ne pouvait y réussir sans nitrate, je me demande et je demande aux hommes de science d'où peut provenir cet azote, s'il ne vient pas de l'atmosphère?

Il est bon d'observer que les terrains de mes voisins, similaires aux miens, mais cultivés avec routine, sont complètement stériles.

Autre exemple : — J'ai fumé un champ à la dose par hectare de 35,000 kilog. de fumier d'étable; un tiers a été mis en pommes de terre, un tiers en maïs à grainer, un tiers en vesces à grainer également. Ces trois récoltes ont parfaitement réussi. L'année suivante, ce même champ a reçu un blé. Au mois d'avril, le blé sur pommes de terre était beau ; sur maïs, il était très jaune et souffreteux; sur les vesces, il était d'un vert noir et à un tel degré qu'on aurait cru à une espèce différente.

La récolte de la vesce avait été de 24 hectolitres, celle du maïs de 45 hectolitres. Selon Boussingault, la vesce aurait absorbé 76 kilog. d'azote et le maïs 60 kilog. Comment se fait-il alors que le blé, sur vesce, ait produit 35 hectolitres; sur maïs, 28 hectolitres, et 30 hectolitres sur pommes de terre?

Il a pourtant fallu que le blé trouvât dans le champ, ainsi que la vesce, les 30 kilog. d'azote en excédent sur le champ de maïs.

Encore une fois, si l'azote ne vient pas de l'atmosphère par la légumineuse, d'où peut-il provenir?

A l'appui de l'opinion que j'émets, j'ai pour moi la vieille habitude du pays. Quand nous n'avions que des vignes, il y avait peu de bétail, par suite peu de fumier. Comment procédaient les agriculteurs? Ils faisaient alterner une céréale avec une légumineuse : fèves, gesses, etc., et lorsqu'on passait près d'un blé de belle apparence, on se hâtait de dire : « Rien de surprenant à ce que ce blé soit ainsi, c'est un *feveri*, c'est-à-dire un champ où, l'année précédente, il y avait des fèves. »

Il paraîtrait assez facile de juger la question sans le secours des chimistes. Qu'on prenne un champ d'égale qualité et qu'on l'ensemence, la première année, en blé; la deuxième année, moitié en légumineuse et moitié en blé; la troisième, en blé sur la totalité, on verra celui des deux lots qui aura donné le plus gros revenu en trois ans.

On prétend que les engrais chimiques effritent la terre et finiraient par la rendre stérile, sans le concours des fumiers d'étable. Voici quinze ans que je cultive un champ qui me donne les plus hauts rendements, en alternant les légumineuses et les céréales, donnant aux premières de la potasse. Jamais cette terre n'a reçu un kilog. de fumier d'étable.

Est-ce à dire, pour cela, que je rejette le fumier d'étable? Loin de là. J'en ai porté la somme de 6 à 700,000 kilog. par an, grâce à l'agrandissement de mes troupeaux.

Mais je ne saurais trop répéter que sur des terrains épuisés, stériles, c'est avec les engrais chimiques seuls que j'ai pu arriver très promptement à nourrir une forte quantité de bétail. Je ne m'arrête pas en chemin; les terrains que j'achète et que je transforme reçoivent les mêmes modes de culture et, quoique nouvellement exploités, on peut prévoir quelle assiette ils formeront pour les récoltes prochaines.

Tout ce que j'avance est journellement apprécié par les visiteurs que je reçois. Je ne tiens, du reste, à donner que les résultats les plus positifs de mes expériences, car, en dehors d'une scrupuleuse exactitude, je ne vois aucune conclusion profitable.

Je tiens également à être bien compris; aussi je résume, en quelques lignes, ce qui n'a peut-être pas été tout à fait saisi par ma faute :

Un champ uniformément fumé à l'engrais d'étable pour recevoir des plantes sarclées : pommes de terre, betteraves, maïs, vesces ou féveroles, donnera l'année suivante, lorsqu'il sera ensemencé en blé, les résultats ci-après :

Rendement fort sur les légumineuses, moindre sur les pommes de terre, inférieur sur betteraves et maïs. On pourrait équilibrer le rendement de ces deux dernières catégories en ajoutant au sol, et à l'hectare, 150 kilog. nitrate de soude; c'est donc l'azote qui manque. Cela justifie le raisonnement que je base sur des faits soumis à l'appréciation de vos lecteurs et tout particulièrement aux hommes de science.

Veuillez recevoir, etc.

BOUTELLEAU,

Vice-Président du Comice agricole de Barbezieux.

CONSIDÉRATIONS SUR LES TARIFS DOUANIERS

Deux camps divisent en France l'agriculture et le commerce : les uns sont pour la protection à outrance, les autres pour les tarifs modérés. Il n'échappe à personne que c'est une question des plus graves. Vous en avez si bien compris l'importance, que la *Semaine Agricole* s'offre comme une tribune à tous les membres de la Société Nationale qui ont quelques idées à émettre sur ces points capitaux.

Depuis trente-cinq ans, je suis directeur d'une Société ayant pour but le commerce des eaux-de-vie. Cette Société s'est créé des relations dans le monde entier, ce qui ne m'a pas empêché de m'occuper, d'une façon toute particulière, de l'exploitation d'un domaine qui est depuis bientôt un siècle dans ma famille. Négociant, je n'ai pas oublié que c'était à l'agriculture, aux travaux assidus de ceux qui m'ont devancé, que je devais de prendre rang dans le monde commercial. C'est donc comme négociant et comme agriculteur que je viens apporter dans la question des tarifs les réflexions que l'expérience a pu me suggérer, dans une carrière déjà longue. Je voudrais, s'il était possible, voir supprimer les octrois et les droits de douanes, mais je reconnais que c'est une idée chimérique et qu'il faut subir ces impôts; seulement ils devraient être réglés entre les nations avec une juste équité. Je n'admets pas, par exemple, que nous recevions les produits agricoles à des tarifs moins élevés qu'une nation, avec laquelle nous avons passé un traité, ne reçoit les nôtres ; je n'admets pas non plus que les produits étrangers circulent sur nos voies ferrées avec des tarifs moins élevés que les produits mêmes du pays. Les idées contraires sont absolument illogiques, vexatoires, et nous créent par trop aisément une situation de dupe, inadmissible et intolérable. C'est le renversement de toute réciprocité légale, une criante inégalité, qui ne doit pas plus être dans un code qu'elle n'est dans la raison des peuples.

Si j'examine la situation des vins et eaux-de-vie, je vois que, depuis la période de 1852 jusqu'à la guerre de sécession, les deux Charentes trouvaient un écoulement considérable et rémunérateur de leurs produits en Amérique. Après la guerre, le gouvernement américain, ayant cru faire sagement en frappant nos vins et nos eaux-de-vie de droits énormes, a tout à coup ruiné notre commerce et fait tomber nos produits à des prix ridiculement bas. Le Whisky a remplacé nos Cognacs. Les expéditions pour l'Amérique ont diminué des 9/10. Si je me reporte aux autres marchés du monde, je vois que, sur les points les plus prospères, nos expéditions s'arrêtent dès que les droits sont augmentés. C'est à plusieurs millions de francs qu'on peut porter le préjudice causé chaque année par ces élévations de tarifs aux seuls départements des Charentes et de la Gironde.

Nota. — Cet article a paru dans la *Semaine Agricole*.

Ma conviction est que, pour le commerce en général et l'agriculture, il y a un avantage immense à ce que les droits de douanes soient modérés.

.**.

Arrivons plus particulièremnt à la question agricole. De tous les points de la France, les Sociétés d'agriculture, les Comices demandent l'élévation des droits d'entrée sur les blés, les bestiaux, les vins... C'est un mot d'ordre qu'on se jette, une véritable ligue qu'on crée. On semble croire qu'avec la prohibition des denrées étrangères, l'agriculture deviendra féeriquement prospère et amplement rémunératrice. Je n'en crois rien pour ma part ; cette prévision semble des plus mal fondées et contraire au plus simple bon sens. Il y a des courants qu'on ne remonte pas, des habitudes tellement entrées dans les mœurs, qu'on ne peut y opposer aucune digue ; si on essaie d'en élever sans réflexion, elles se brisent d'elles-mêmes et peuvent entraîner des catastrophes. Nous ne pouvons pas plus nous passer du secours des autres nations qu'elles ne peuvent se passer des nôtres ; des murs d'exclusion, bâtis entre des pays depuis longtemps en rapports, seraient détruits par la force même des choses et crouleraient devant des appels réciproques et l'impérieux besoin de reprendre des transactions nécessaires au bien-être de tous.

Pour que le renchérissement des produits agricoles fut vraiment une source de prospérité, il faudrait que ces produits pussent être largement exportés et que l'argent des marchandises nous vînt en échange ; mais comme nous sommes importateurs de vins, de blé et de viande, je ne vois pas l'avantage au renchérissement de ces produits alimentaires.

Si le propriétaire vend son blé 5 fr. de plus par hectolitre, la viande, le vin, toutes les choses utiles à la vie devenant plus onéreuses, il sera obligé d'augmenter le salaire de l'ouvrier : ce sera simplement un déplacement de capitaux, non une augmentation de capital, car, je le répète, il ne peut y avoir de prospérité dans un pays agricole, que lorsque ce pays devient exportateur.

L'Amérique, dont on cite la richesse attribuée à des tarifs prohibitifs, a su se suffire à elle-même et devenir exportatrice. Ce sont ses exportations qui l'ont faite prospère, servie qu'elle était par une suite non interrompue de mauvaises récoltes en Europe. C'est aussi son travail, son énergie, ses ressources partout mises en activité, sa science merveilleuse à créer des outillages puissants. N'est-ce pas à l'Amérique que nous devons ces machines agricoles qui rendent de si grands services à ceux qui les utilisent avec intelligence ? Grâce à leur emploi, il y a économie de temps, de salaire, dans des proportions considérables, et un excès de production rendant au centuple l'intérêt des mises de fonds.

Non, le remède n'est pas dans l'élévation des tarifs. Tant qu'il s'agira de faire payer leur augmentation de rendement par la nation tout entière, il n'y aura aucun profit véritable : nous serons cantonnés dans les bornes d'un pays, sans productions suffisantes, payant de l'or d'une main et ne recevant que du cuivre de l'autre.

Ce sont les propriétaires, les agriculteurs, les cultivateurs qui peuvent tout sauver. Avec les découvertes de la chimie, de la mécanique agricole, il est possible de mettre la France en situation de produire à aussi bon marché que n'importe quel pays. Il faut ce qu'on appelle un bon assolement, une culture intensive et délaisser les vieilles méthodes.

. .

J'entends tous les jours des propriétaires se plaindre amèrement, disant que leurs récoltes sont nulles, que le blé ne vaut que 16 à 17 fr. 50 les 80 kilos et qu'à ce prix, il n'est pas possible de se sortir d'affaire.

Ces gens-là sont des retardataires frappés de cécité; ils veulent prendre à leurs terres et ne jamais leur donner. Ils s'en rapportent à l'Atmosphère et à la Providence du soin de réparer les pertes occasionnées par la culture, et c'est ainsi qu'ils n'obtiennent que 10 à 12 hectolitres à l'hectare.

Ces cultivateurs mécontents possèdent une tête de gros bétail pour 3 ou 4 hectares. Ce n'est assurément pas le relèvement des tarifs qui donnera la prospérité à cette gent routinière qui ne sait que se désespérer devant des sources de fortunes inexplorées, et qui ne pourrait vendre des denrées, n'ayant pas même de quoi se nourrir. Cette classe cependant est nombreuse ; mais les conséquences de son aveuglement doivent-elles être supportées par les autres catégories de citoyens?

Bien qu'il y ait certain embarras à se mettre en avant, je dois dire néanmoins les résultats que j'ai obtenus en expérimentant des théories nouvelles et en les appliquant avec le plus grand soin et la persévérance la plus tenace.

Ma propriété est entourée de terres ne produisant que 10 à 12 hectolitres de blé, pendant que j'obtiens, moi, sur un sol *identique*, 35 à 40 *hectolitres* à l'hectare. Cette année (1884), j'ai récolté 37 hectolitres de blé de Bordeaux, 48 en blé d'Hallet; betteraves fourragères, de 65 à 70,000 kilos; pommes de terre, 20 à 22.000 kilos; fourrages artificiels ou de prairies naturelles, une moyenne de 12,000 kilos. Ces rendements m'ont amené à pouvoir nourrir 60 têtes de gros bétail avec une terre de 50 hectares. C'est au moyen des engrais chimiques économiquement préparés et judicieusement employés, qu'en très peu de temps j'ai pu obtenir ces résultats. Aujourd'hui, je n'ai que deux assolements : moitié de mes terres arables en plantes sarclées et fumées, l'autre partie en blé. Le blé succède toujours à la plante fumée et sarclée.

Il y a plus de 15 ans que j'ai publié et proclamé l'immense ressource qu'offrent les engrais chimiques et ce n'est que depuis quelques années que les cultivateurs commencent à ouvrir les yeux et à les employer. Avec les engrais chimiques, il y a cet immense avantage qu'une transformation agricole est tout à coup accomplie. Lorsqu'il n'y avait que le fumier d'étable, il fallait, pour arriver à bien faire, construire des écuries, acheter pendant plusieurs années le bétail, le foin et la paille. L'argent est nécessaire, c'est vrai, mais il en faut moins qu'autrefois pour un résultat supérieur. Pourrait-on me citer, au reste, une seule industrie capable d'être mise en rapport sans un certain capital? Avec les engrais chimiques, l'agriculture devient extrêmement rémunératrice pour les petits propriétaires qui cultivent eux-mêmes; elle ne l'est pas moins pour les grands propriétaires qui veulent transformer leur culture et exécutent tous leurs travaux avec les machines modernes. Les expériences sont faciles pour tous; on perdra en les faisant cette idée absurde, colportée par les ignorants, que les engrais chimiques effritent le sol. Je peux montrer un champ dit d'expérience qui n'a jamais reçu de fumier d'étable et qui, depuis 15 ans, produit chaque année des récoltes splendides avec le seul concours des engrais chimiques appropriés à la nature de la plante cultivée. Ce qui effrite la terre, ou plutôt ce qui la stérilise, c'est l'inaction, l'absence de culture, de soins réguliers, d'engrais quelconques, ce qu'on exige d'elle éternellement sans jamais rien lui rendre. S'il y a un mal à combattre, il gît dans l'inintelligence et dans l'inertie; ce n'est pas tel ou tel engrais qui est responsable du manque de production, ce sont les hommes qui sont coupables de ne pas examiner des questions vitales, de ne pas mettre en pratique ce qui est évident et palpable, lorsque cela n'est pas seulement du domaine de la démonstration, et qu'il y a des exemples évidents qu'on peut contrôler, suivre à la lettre, illustrer de plus en plus et propager à la ronde.

Les machines qui nous viennent d'Amérique ont soulevé des demandes de droits protecteurs de la part des fabricants français. C'est cependant grâce à leur introduction, que nos fabricants se sont mis à les imiter le plus possible; c'est grâce aussi à leur entrée quotidienne que nos industriels cherchent tous les jours à améliorer la construction et le fonctionnement de leurs engins, à les amener à un plus haut degré de simplicité et de perfection; supprimez ces entrées, il n'y aura plus de stimulant, partant plus de progrès; cette concurrence est utile; c'est une école à tout moment ouverte.

* *

Nous n'avons plus de vignes, pour ainsi dire, dans les Charentes, par conséquent plus de vin; le supprimer complètement aux travailleurs est une faute grave. Economie d'un côté, perte de l'autre. Un homme habitué à boire du vin, mis à l'eau, mange plus de pain et fait moins de travail. Ceux qui ont le bonheur de posséder des vignes demandent une élévation de droits sur les vins étrangers, raisins secs, etc. Ils croient que leurs vins obtiendront ainsi des prix extraordinaires. Ce raisonnement est faux, malgré son apparente logique. Quand une denrée dépasse un certain chiffre, de quelque nature qu'elle soit, on la délaisse et on la remplace par des similaires. C'est ainsi que le Whisky s'est substitué au Cognac en Amérique et sur les marchés australiens. De même pour les vins; des falsifications ont pris la place des meilleurs crus, en raison des prix exhorbitants causés par les tarifs de prohibition.

Dans les Charentes, avant le phylloxéra, un homme buvait deux litres de vin par jour en moyenne. La plupart maintenant ne boivent que de l'eau ou des liquides peu réconfortants.

D'après le principe que j'ai posé, un propriétaire soucieux de ses intérêts et du bien-être de ses ouvriers doit faire en sorte de maintenir le vin à ceux qu'il emploie. Cela peut se faire en achetant du vin blanc récolté en France et en le coupant avec des vins rouges d'Espagne. Le vin préparé de cette façon revient à 0,35 c. le litre. C'est ainsi que j'ai pu régler mes hommes à un litre par jour et par tête. Ce n'est plus l'ancienne ration, mais elle est suffisante.

Si les vins étrangers sont frappés de droits prohibitifs, il ne restera plus à boire que le vin blanc. De deux choses l'une, ou le vin blanc restera aux prix actuels ou on n'en fera plus usage. Je le répète, et c'est un fait acquis par les moindres économistes, qu'une marchandise atteignant des prix trop élevés voit sa consommation baisser ou disparaître. Où serait alors l'avantage des propriétaires?

Je ne saurais trop le redire, le remède aux maux qu'on signale, à cette panique qui s'élève de la crise agricole, le remède possible et pratique est dans l'augmentation de la production agricole.

N'est-ce pas affligeant de voir que le territoire de la France, si admirablement doué sous le rapport du climat et de la fertilité, ne vient qu'en 5ᵉ rang pour la production agricole?

On prétend qu'une surtaxe de 5 fr. par hectolitre sur le blé pourrait amener une augmentation de dépenses de 27 à 32 francs dans une famille de 4 personnes.

La journée de l'ouvrier des campagnes est, dans notre contrée, de 2 fr. 25 par jour, lorsque le temps est beau, nourriture comprise. Si cet homme a sa femme et ses deux enfants à entretenir, un surcroît de 27 fr. sera chose grave.

Quels sont ceux qui se plaignent, en définitive? Les propriétaires. Je leur réponds : *Augmentez le rendement de vos récoltes*, vous le pouvez; mais il ne faut pas pour cela faire de l'agriculture en chambre ou perdre votre temps en récriminations ou en plaintes, il faut se mettre à l'œuvre, étudier les engrais, l'outillage agricole, surveiller sa propriété, la diriger, comme un négociant dirige sa maison. Si on voulait se reporter à la période de 1820 à 1830, on trouverait que le bien-être des propriétaires et des cultivateurs s'est amélioré dans des proportions inouïes, tant sous le rapport du confort intérieur que de la nourriture. Autrefois, la plupart des gens allaient aux marchés à pied; quelques-uns, les privilégiés, à cheval; aujourd'hui, chaque famille a sa voiture.

Il faut dire que nos régions de l'Ouest, après des années de grande prospérité, traversent une crise terrible due à la destruction des vignobles. La propriété foncière a perdu la moitié de sa valeur; la vigne, qui venait sans grand travail, demandait peu de frais d'intelligence, une science toute spéciale et comme instinctive. Aussi maintenant les propriétaires déroutés, découragés, comme en face de récoltes enlevées par un cyclone, laissent leurs terres incultes, au lieu de se mettre vaillamment à l'œuvre et d'inaugurer une culture nouvelle, transitoire, préparant le sol pour de nouvelles plantations possibles de vignes. Bien peu de terrains, à l'aide des engrais chimiques, se montreraient réfractaires; on aurait, dès le début, des résultats excellents en fourrages, et on arriverait graduellement à l'introduction du bétail dans la plus petite exploitation.

C'est d'après mes propres expériences, les résultats obtenus et qu'on peut journellement constater, que je parle d'une façon si positive et si autorisée.

.˙.

Mon opinion est que le relèvement de l'agriculture en France réside beaucoup plus dans l'intelligence et dans l'énergie des propriétaires et des cultivateurs, que dans l'élévation préconisée des tarifs. Cela ne m'empêche pas cependant de demander au gouvernement des traités de douanes internationaux basés sur la justice et sur une réciprocité logique.

Quoi qu'il en soit, plus notre situation sera prospère, plus nous produirons ; plus nos ressources se multiplieront et grandiront, et plus, nous suffisant à nous-mêmes, nous deviendrons indépendants, non pas à la merci des traités, des fluctuations politiques ou des aléas de l'avenir, mais en quelque sorte maîtres de notre destinée économique.

Si quelque chose peut donner du poids à ces considérations, c'est qu'elles émanent d'un propriétaire, ayant des excédents de récoltes et pouvant profiter mieux que tout autre de la hausse des tarifs. Mais il y a un intérêt général à envisager, et celui-là est sérieux. En résumé, quel que soit le sort qui nous attende, que nous nous trouvions isolés des autres nations ou que nous échangions avec elles nos produits sur des bases égales, nous aurons toujours un avantage immense à faire produire à notre sol tout ce qu'il peut donner. De même pour l'industrie.

Ce serait la plus grave des fautes de prêter l'oreille aux plaintes des propriétaires aigris, quel que soit leur nombre. Ils seraient bien vite obérés par l'élévation des tarifs et la nécessité de recourir, avec leurs ressources limitées, à des denrées frappées de hausse. Qu'ils apprennent à cultiver, à augmenter leurs rendements, à se suffire à eux-mêmes; et lorsque le pays sera devenu exportateur, on verra quel langage la France devra tenir. En attendant, nous avons tout à gagner à maintenir les tarifs bas et à les obtenir tels des autres nations; s'il n'y a pas compensation et s'il y a prohibition, nous manquons également d'un équilibre nécessaire à notre système financier; il faut, pour le bien voir, embrasser l'ensemble de toutes les classes de la Société, ne pas grever telle ou telle catégorie de citoyens pour favoriser telle autre, prendre enfin une vue générale de la question. C'est ce que je me suis appliqué à faire en tenant compte de nos aspirations modernes et d'un besoin d'échange international qui s'impose autant à nos mœurs qu'à nos besoins.

Nous ne pouvons vivre dans une sorte de quarantaine, sans trafiquer avec le reste du monde; c'est pourquoi nos efforts doivent tendre à organiser ces trafics d'une façon large et de tous côtés proportionnelle. Les privilèges appartiendront aux meilleurs produits. Les nations qui prennent souci non seulement de leurs intérêts, mais de la moralité des principes, n'en doivent pas vouloir d'autres que ceux-là. C'est en quelque sorte édicter une loi de progrès universel, appelant le monde entier à une concurrence loyale et continue. Cette loi est la loi des destinées actuelles. Vouloir rompre en visière avec ce qu'ont fait les coutumes et les révolutions, c'est méconnaître la réalité des choses et chercher à se briser contre des fatalités. Il y a une solidarité internationale que nous devons subir; plus elle sera fraternelle et, de part et d'autre, droite et juste, plus les liens entre les marchés iront se resserrant; le bien-être grandira et le commerce aura une extension illimitée. Ce raisonnement semble tomber sous le sens et nous nous étonnons de voir propager des idées contraires au sein des campagnes et des assemblées agricoles. On se laisse entraîner par des apparences et gagner par des arguments spécieux.

La vérité nous paraît être dans l'obéissance aux règles fondamentales d'une mutuelle équité d'échange, dans le maximum de la production agricole et industrielle, et enfin dans l'expansion sans limite des produits se créant eux-mêmes leurs monopoles.

Ed. BOUTELLEAU.

TABLE

Imp. V. Lagout, Valeau et Cⁱᵉ. — Angoulême

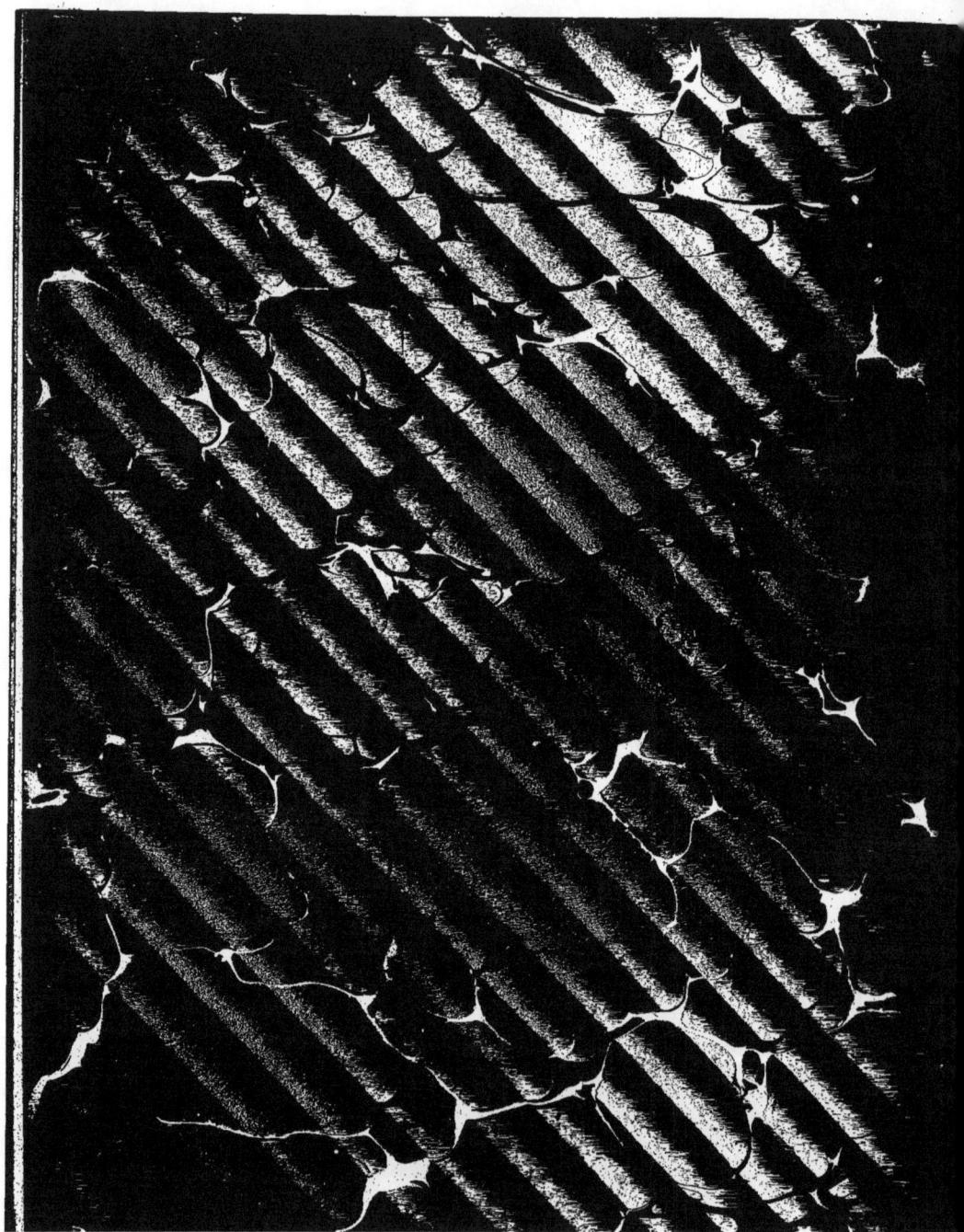

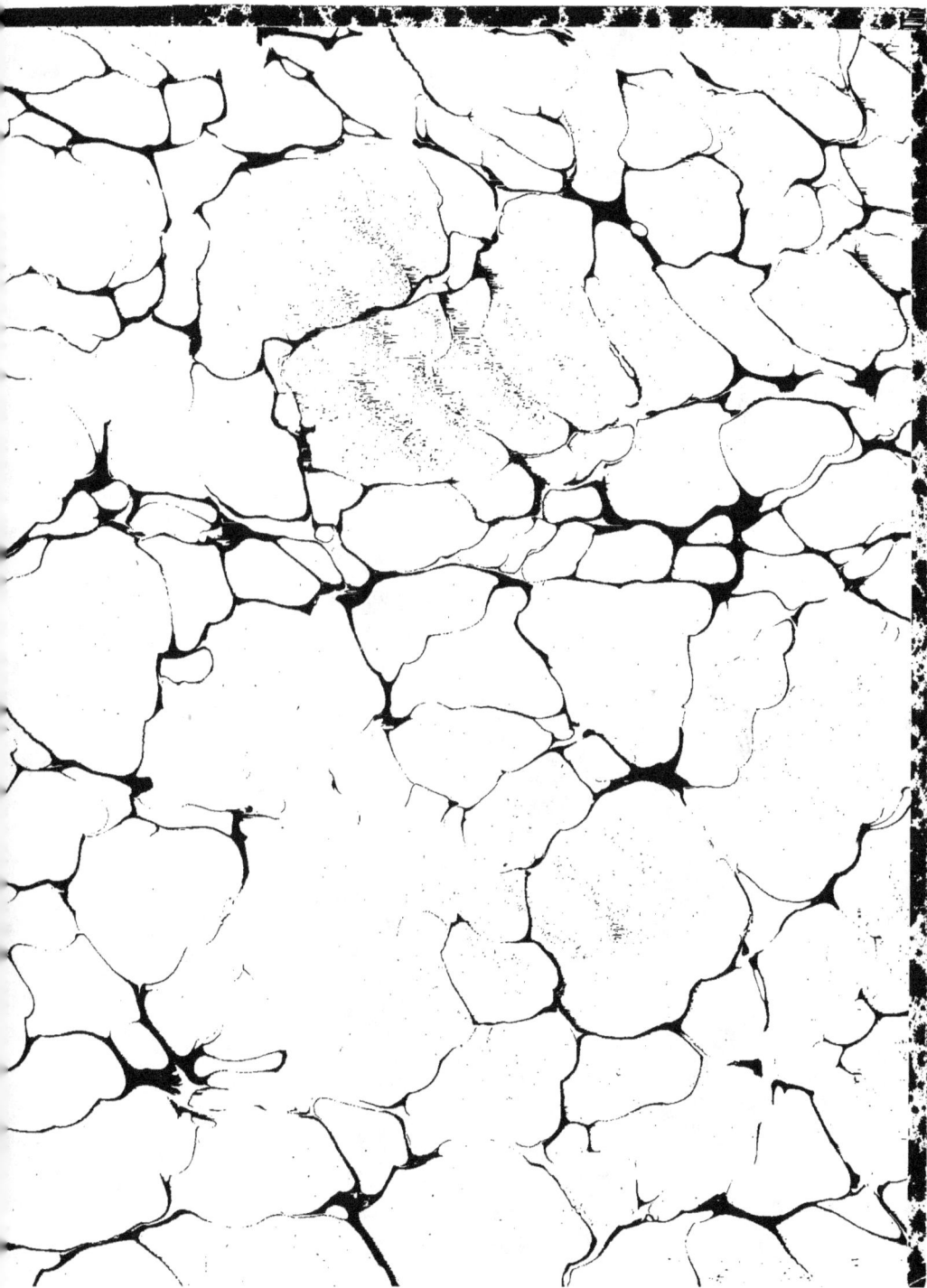

www.ingramcontent.com/pod-product-compliance
Lightning Source LLC
Chambersburg PA
CBHW050554210326
41521CB00008B/958